OBSERVATIONS

AU SUJET DU

PROJET DE LOI SUR LES MINES

PRÉSENTÉ

Par M. BAIHAUT

MINISTRE DES TRAVAUX PUBLICS

A la Chambre des Députés, dans la séance du 25 mai 1886.

PARIS

IMPRIMERIE ET LIBRAIRIE CENTRALES DES CHEMINS DE FER

IMPRIMERIE CHAIX

SOCIÉTÉ ANONYME AU CAPITAL DE SIX MILLIONS

Rue Bergère, 20

1886

OBSERVATIONS

AU SUJET DU

PROJET DE LOI SUR LES MINES

PRÉSENTÉ

Par M. BAÏHAUT.

MINISTRE DES TRAVAUX PUBLICS,

A la Chambre des Députés, dans la séance du 25 mai 1886.

PARIS

IMPRIMERIE ET LIBRAIRIE CENTRALES DES CHEMINS DE FER

IMPRIMERIE CHAIX

SOCIÉTÉ ANONYME AU CAPITAL DE SIX MILLIONS

Rue Bergère, 20

1886

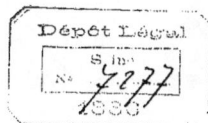

PRÉAMBULE

En exposant tout un corps d'observations, au sujet du projet de loi sur les mines présenté par M. Baïhaut, ministre des travaux publics, nous suivrons la méthode suivante :

Nous étudierons et discuterons successivement tous les articles du projet de loi, et les raisons invoquées en faveur de ces articles par l'exposé des motifs, en indiquant au fur et à mesure les dispositions législatives qui nous paraissent commandées par la nature des choses.

Nos observations finales, conséquence logique de nos propositions de détail, en contiendront le résumé.

Nous espérons, en opérant de la sorte, éviter tout reproche de parti pris.

OBSERVATIONS

AU SUJET DU

PROJET DE LOI SUR LES MINES.

TITRE PREMIER.

Classification légale de substances minérales.

La loi du 21 avril 1810 distingue trois classes pour les masses de substances minérales ou fossiles : les mines, les minières et les carrières.

Cette classification est fondamentale, dans le régime législatif organisé par cette loi. Le projet présenté par M. le ministre supprime la classe des minières: pourquoi cette suppression? L'exposé des motifs ne le dit point.

Depuis la loi du 9 mai 1866, qui a donné aux propriétaires de minières de fer la liberté d'exploiter ou de ne pas exploiter, en les débarrassant des servitudes légales, précédemment imposées, vis-à-vis des maîtres de forges du voisinage ; depuis la loi du 27 juillet 1880, d'autre part, laquelle a donné aux concessionnaires de mines de fer la double faculté, moyennant indemnité, soit de faire interdire, soit d'annexer à leur concession les minières de leur périmètre ; depuis lors, disons-

ARTICLE PREMIER.

Les gîtes naturels de substances minérales ou fossiles sont classés, relativement à leur régime légal, dans les deux catégories de mines et de carrières.

ART. 2.

Sont considérés comme mines les gîtes de :

1° Houille, lignite et tous autres combustibles fossiles autres que la tourbe ; graphite, bitume, pétroles et autres huiles minérales ;

2° Substances métallifères telles que : minerais d'or, argent, platine, mercure, plomb, fer, cuivre, étain, zinc, bismuth, cobalt, manganèse, antimoine, molybdène, tungstène, chrome ;

3° Soufre et arsenic, soit souls, soit combinés avec les métaux; alun et sels solubles à base de métaux indiqués au 2°;

4° Sel gemme et autres sels associés dans le même gisement, qui sont soumis ainsi que les sources salées aux dispositions spéciales du titre X.

ART. 3.

Sont considérés comme carrières les gîtes non classés dans les mines.

nous, il n'y a aucun motif sérieux contre le maintien de la classe des minières, pour laquelle il existe une sorte de *droit acquis*.

Il y a, d'autre part, un grand avantage à ne point changer, sans motif, la classification des substances minérales, organisée par la loi de 1810, parce qu'elle forme une *base* véritable de la loi organique des mines. *Ébranler cette base,* comme fait le projet, c'est ébranler toute la loi, c'est remettre tout en question, en matière de législation minérale.

Nous n'exagérons rien en nous exprimant de la sorte; en effet, la classification des substances minérales en mines, minières et carrières était tellement regardée, en 1810, comme la base fondamentale de la loi des mines que le rapporteur au Corps législatif, le comte de Girardin, disait (Locré, p. 44) : « *Le » système entier du projet,* sur lequel vous allez délibérer, *repose » sur la classification* des substances dont il s'agit.

L'exposé des motifs dit (p. 5) : « La classe des minerais a » disparu ; elle n'avait plus qu'une existence nominale depuis » la loi du 9 mai 1866. » C'est une erreur : depuis comme avant la loi du 9 mai 1866, les minières ont une existence légale séparée, dans le système de classification fondamentale de la loi de 1810. A la différence des mines qui appartiennent aux *concessionnaires,* les minières appartiennent, *comme les carrières,* aux *propriétaires du sol ;* mais à l'encontre des carrières, elles peuvent, sur la demande de leur propriétaire et lorsqu'elles offrent un développement considérable de travaux souterrains réguliers, être *converties en concessions de mines.* Les minières à ciel ouvert, comme les minières souterraines comprenant des travaux de peu de durée et peu développés, sont justiciables des tribunaux de police correctionnelle, tandis que les carrières à ciel ouvert ressortissent à la simple police. Enfin, les minières de fer, exploitées ou non encore exploitées dans un périmètre concédé pour fer, peuvent être *annexées,* sauf indemnité, à *la concession de mines de fer*, ce qui est particulièrement spécial aux minières et ne saurait arriver pour des carrières.

Il n'est donc pas exact de dire qu'il n'y a plus de minières ; il en existe toujours ; il y a, pour les propriétaires du sol *des droits acquis*, et vis-à-vis des concessionnaires des mines de fer des *droits reconnus* en ce qui concerne les minières, droits affirmés par les lois des 9 mai 1866 et 27 juillet 1880, droits rappelés dans la plupart des actes de concession de mines de fer. Ces droits acquis et reconnus doivent être *respectés*, en ce qui concerne le *passé* ; leur principe doit être *maintenu* au regard de *l'avenir*, et, pour cela, il faut conserver la classe des minières et, par suite, la classification établie par l'article 1er de la loi du 21 avril 1810 ; cela conduit à demander le rejet de l'article 1er du projet de loi.

L'article 2 du projet modifie l'énumération des substances classées comme mines par l'article 2 de la loi du 21 avril 1810 ; mais cette modification n'est aucunement nécessaire. D'une part, l'article 2 de la loi de 1810, qui désigne les substances classées comme mines, est énonciatif et non point limitatif : la chose est admise en France, comme en Belgique où la loi de 1810 est la base de la législation minérale, et elle ne saurait faire doute en présence de ces mots génériques de l'article 2 « *ou autres matières métalliques* » ; d'autre part, en cas d'incertitude, il appartient à l'autorité administrative concédante de décider, en vertu des articles 5 et 28, si oui ou non une substance minérale doit être classée comme mine et est susceptible d'être concédée.

L'article 2 de la loi du 21 avril 1810, qui désigne les substances à classer comme mines, suffit à tous les besoins pratiques de la législation minérale ; il mérite d'être conservé et l'on ne peut que repousser l'article 2 du projet.

L'article 3 du projet de loi ne définit les carrières que *par différence*, si l'on peut s'exprimer de la sorte, en stipulant que les gîtes non classés dans les mines seront concédés comme carrières.

Or quel avantage présente cette rédaction nouvelle sur le libellé énonciatif de l'article 4 de la loi de 1810 ? Aucun absolument. L'article 3, essentiellement vague comme toutes *les définitions* par *différence*, est moins pratique, moins précis que l'article 4 de la loi actuelle. D'autre part, ce dernier article, qui est énonciatif en ce qui concerne les substances classées comme carrières, n'est pourtant pas limitatif : cela résulte des termes suivants à sens indéfini que renferme cet article : « pierres à bâtir et autres », « les substances terreuses et les *cailloux de toute nature* » ; il n'a donc pas les inconvénients d'un libellé limitatif.

L'article 4 de la loi de 1810, préférable comme précision à l'article 3 du projet, doit donc être maintenu.

Hâtons-nous d'ajouter qu'il y aurait lieu d'adjoindre à l'article 4 de la loi actuelle un second paragraphe se rapportant aux circonstances où les concessionnaires de mines exploitent et emploient, pour le service de leurs travaux ou établissements, des substances classées comme carrière ; cette question sera traitée à l'occasion de l'article 43 du projet de loi.

Art. 4.

En cas de contestation sur la classification légale d'une substance minérale ou fossile, il est statué par un décret rendu en la forme des règlements d'administration publique, après avis du Conseil général des mines.

L'article 4 du projet découle logiquement et nécessairement des articles 5 et 28 de la loi de 1810, que nous proposons de conserver, et ne fait que consacrer un point de doctrine établi par la jurisprudence.

Il est donc inutile d'insérer un nouvel article dans la loi des mines, en ce qui concerne les contestations possibles sur les classifications d'une substance minérale, et l'article 4 du projet doit être rayé.

Il consacre, dira-t-on, une doctrine admise par la jurisprudence : or, ce n'est pas une raison pour lui donner place dans la loi organique des mines. Disons, en effet, d'une manière générale, que dans une matière aussi sujette aux cas imprévus que celle des mines, une part doit être forcément laissée à la jurisprudence : vouloir modifier la loi des mines pour y insérer successivement les propositions doctrinales de la jurisprudence serait tenter une œuvre presque impossible, laquelle n'aurait qu'un résultat assuré, celui de rendre la loi des mines toujours changeante et, par suite, toujours instable. Or, disons-le bien haut, les entreprises de mines sont assez aléatoires par leur nature, pour qu'il n'y ait pas lieu d'y adjoindre un autre aléa, celui de la législation, sous peine d'écarter de cette industrie les capitaux sérieux et de léser les intérêts généraux de l'industrie minérale.

L'article 5 du projet serait une violation manifeste de l'article 552 du Code civil qui porte que « La propriété du sol » comporte la propriété du dessus et du dessous...; il (le pro- » priétaire) peut faire au-dessous toutes les constructions et » fouilles qu'il jugera à propos et tirer de ces fouilles tous les » produits qu'elles peuvent fournir, sauf les modifications résul- » tant des lois et règlements relatifs aux mines et des lois et » règlements de police. »

Au point de vue du droit, cet article 5 renverse complète- ment un des articles fondamentaux du Code civil, article que les législateurs de 1810 ont respecté ainsi qu'il témoigne des articles (10, 6 et 42 de la loi de 1810).

Or, pourquoi le législateur de 1886 aurait-il moins de respect pour la propriété du sol que le législateur de 1810 ?

Vent-on faire du *Socialisme d'État*, en supprimant l'un après l'autre les différents attributs de la propriété foncière ? Tout légiste doit s'y opposer.

D'autre part, au point de vue économique en ce qui con- cerne les recherches de mines, le système de la loi de 1810,

Art. 5

Le droit de rechercher et le droit d'exploiter les mines ne peuvent être acquis et possé- dés qu'en suivant les disposi- tions de la présente loi.

Le propriétaire de la surface n'a aucun droit sur les mines qui peuvent exister dans son fonds. Il ne peut revendiquer, à raison de la recherche ou de l'exploitation de ces mines, que les droits qui lui sont conférés par la présente loi.

tel qu'il résulte de l'article 10, organise une dualité qui a les plus grands avantages au point de vue de l'encouragement à donner aux richesses minérales. Que dit en effet l'article 10 ?

« Nul ne peut faire des recherches pour découvrir des » mines, enfoncer des sondes ou tarières sur un terrain qui » ne lui appartient pas, que du consentement du propriétaire » de la surface, ou avec l'autorisation du gouvernement donnée » après avoir consulté l'administration des mines, à la charge » d'une préalable indemnité envers ce propriétaire, et après » qu'il aura été entendu. »

Cet article 10 a un double avantage, très précieux en matière économique : d'une part, aux termes de cet article, tout propriétaire possède en France le droit absolu de faire des recherches dans les terrains non concédés, aussi bien qu'en Angleterre par exemple, où les mines étant soumises au régime de l'accession, la propriété des mines suit la propriété de la surface comme un accessoire. D'autre part, d'après le même article, tout explorateur peut obtenir du gouvernement le droit de faire des recherches dans le terrain d'autrui, aussi bien que dans le système du projet de loi proposé, où la propriété de la mine est attribuée à l'inventeur.

Or les recherches de mines que le propriétaire du sol peut faire ou laisser faire, méritent autant d'être encouragées, au point de vue du développement de l'industrie minérale, que celles que peuvent faire des inventeurs dans le terrain d'autrui. L'article 10 de la loi de 1810, qui est une sorte de conciliation entre deux systèmes différents de propriété des mines, en ce qui concerne les recherches, réunit, ce qui arrive fréquemment lorsqu'il y a conciliation réelle, les avantages des deux systèmes. L'article 10 de la loi actuelle doit donc être maintenu, et le 1er paragraphe de l'article 5 du projet doit être rejeté.

Quant au paragraphe 2e de cet article 5, qui porte que le

propriétaire de la surface n'a aucun droit sur les mines qui peuvent exister dans son fonds, et qui supprime implicitement pour l'avenir les redevances tréfoncières, il est en contradiction si manifeste avec l'article 552 du Code civil; il est tellement en dehors de cette conciliation que la loi de 1810 a si sagement et heureusement opérée par les articles 10, 17, 6 et 42, entre les droits des propriétaires de la surface et ceux des titulaires de la propriété nouvelle, instituée par l'acte de concession (art. 5, 16, 17 et 19), qu'il doit être péremptoirement repoussé, au nom des principes généraux du droit public français. Ce ne serait pas servir *en principe, dans notre pays,* les intérêts réels de l'exploitation des mines, que de supprimer pour l'avenir les redevances tréfoncières. La loi de 1810 purgeait, par les articles 6 et 42, les droits des propriétaires de la surface sur les produits des mines : c'était juste et sage ; le projet de loi nouvelle les supprime : c'est *injuste et imprudent.* Nous disons imprudent, parce qu'il est essentiel pour l'exploitant de mines, qui a incessamment des rapports avec le propriétaire de la surface, de ne pas se trouver en face d'un adversaire qui se croit et se dit lésé, et dont les droits sur les produits de la mine n'auraient pas été réglés et purgés, comme ils le sont par la loi des mines actuelle. L'article 5 du projet de loi établissant *a priori* une guerre sourde entre l'exploitant et le propriétaire foncier, qui ne pourrait qu'être préjudiciable en fait aux véritables intérêts de l'exploitant des mines, ce motif seul devrait suffire pour rejeter l'article 5. Disons, en terminant sur cet article 5, qu'il semble véritablement contradictoire avec le programme contenu dans les paroles suivantes de l'exposé des motifs (p. 2) :

« Développer les principes si féconds de la loi de 1810, en » annulant, comme désormais sans objet, celles de ces dispo- » sitions qui étaient motivées seulement par la nécessité de » ménager une transition entre l'idée de la propriété absolue

» et simultanée du fonds et du tréfonds et l'idée de la propriété spéciale de la mine. »

Développer, observerons-nous, ne veut pas dire *renverser :* or le projet renverse ; d'autre part, nous dirons hautement qu'il ne s'agit pas ici d'une nécessité transitoire mais *permanente ;* en effet, l'article 552 du Code civil existe aujourd'hui comme en 1810 ; aujourd'hui comme alors, il forme une des *bases* de notre droit civil ; aujourd'hui comme alors, il commande une *conciliation* que la loi de 1810 a opérée et que le projet de loi nouvelle n'accomplirait pas.

Art. 6.

Les carrières appartiennent au propriétaire du sol, qui peut en disposer librement et les exploiter sans autres restrictions que celles résultant des dispositions du titre XI (sections I et II).

L'article 6 est complètement inutile et doit être rayé. En effet, il résulte de l'article 552 du Code civil, que le projet de loi semble supprimer tacitement, que le propriétaire du sol a tous les droits sur le tréfonds, sauf ceux qui sont spécifiés par la loi des mines : ainsi le propriétaire ne peut pas exploiter les mines, parce que les articles 5 et 12 de la loi de 1810 ne le permettent point ; mais, sauf les exceptions relatives aux mines résultant de cette loi, tous les autres droits de tréfonds lui appartiennent *de plano.*

Ce principe de l'universalité des droits de tréfonds en faveur du propriétaire de la surface, sauf les exceptions spécifiées dans la loi organique des mines du 21 avril 1810 que nous demandons à conserver dans ses bases principales, conduit à proposer le rejet pur et simple de l'article 6 du projet.

Gîtes métallifères superficiels.

Art. 7.

Le propriétaire du sol peut être autorisé par le Préfet à exploiter ou à laisser exploiter à ciel ouvert et sans travaux

Les deux articles 7 et 124 du projet de loi organisent un véritable gaspillage légal de la partie superficielle des gîtes métallifères non concédés, qui aurait les conséquences techniques et économiques les plus fâcheuses pour l'exploitation et l'aménagement des parties profondes des gîtes. On verrait se reproduire les effets de cette disposition malheureuse de l'article premier de la loi du 28 juillet 1791, qui permettait aux propriétaires de la surface de jouir « de celles de ces mines qui » pourraient être exploitées où à tranchée ouverte, ou avec » fosse et lumière, jusqu'à cent pieds de profondeur seule- » ment ». Nos pères ont connu les abus provenant de cette disposition fâcheuse à laquelle la loi du 21 avril 1810 vint mettre un terme. Espérons que nos législateurs actuels ne ressusciteront point ces anciens abus.

L'exploitation superficielle des minerais de fer par les propriétaires du sol est une *coutume* établie en France depuis les temps les plus reculés, sauf les servitudes vis-à-vis les maîtres de forges, lesquelles ont varié dans les détails avec les régimes de 1791 et 1810, et ont complètement cessé avec la loi du 9 mai 1866. Qu'on maintienne pour les exploitations superficielles des gîtes de minerai de fer, pour les *minières de fer*, en employant le mot consacré, les *droits acquis des propriétaires*, droits plus que séculaires : rien de mieux, alors surtout que la loi du 17 juillet 1880 a spécifié, pour les concessionnaires de mines de fer, le droit de pouvoir, sauf indemnité, faire interdire ou bien adjoindre à leur concession les minières de fer de leur périmètre. Mais pourquoi organiser *a priori* des exploitations superficielles de gîtes de plomb, de zinc, d'antimoine, de cuivre, etc., par le propriétaire du sol *ou leurs ayants droit*, alors, d'une part, qu'il n'y a pas ici de droit acquis pour ce propriétaire, et, que d'autre part, ces exploitations provisoires, opérées ainsi par les propriétaires du sol ou leurs ayants droit, dégénéreraient sûrement, en fait, en de véritables gaspillages ? Peut-on espérer raisonnablement qu'un propriétaire foncier qui n'a pas la certitude de pouvoir exploiter en profondeur un gîte métallique de plomb, zinc ou antimoine, exploitera méthodiquement, par lui-même ou ses ayants droit, et selon les règles

d'art, conformément aux dispositions de l'article 124, les gîtes métallifères superficiels non compris dans le périmètre d'une mine de même nature déjà instituée.

Cette exploitation devra cesser dès que le Préfet aura décidé, l'exploitant entendu, qu'elle ne peut être continuée sans inconvénient pour l'exploitation ultérieure du gîte.

Elle cessera de plein droit dès que le terrain où elle se trouve sera compris dans le périmètre d'une mine de même nature.

ART. 124.

L'exploitation des gîtes métallifères superficiels que le propriétaire du sol ou son ayant droit peut entreprendre aux termes de l'article 7, est subordonnée à l'autorisation du Préfet.

L'arrêté d'autorisation détermine les mesures à prendre pour assurer la sécurité des personnes et la bonne exploitation des gîtes en prévision du cas où ils feraient l'objet d'une institution de mines.

Ces exploitations sont soumises à la surveillance de l'administration, conformément au titre VIII, sauf dispense de la tenue des plans et registres mentionnés à l'article 93.

d'un bon aménagement technique, la partie superficielle du gîte existant dans son fonds, comme ferait un concessionnaire possédant le gîte dans toute sa profondeur, sans limite dans la durée de sa possession ?

Poser ainsi la question, c'est la résoudre, et cela conduit à rejeter les articles 7 et 124 du projet. Ces articles doivent d'autant plus être repoussés que l'article 10 de la loi de 1810 suffit, en principe, pour encourager les recherches de mines métalliques de toutes sortes par les propriétaires ou leurs ayants droit, d'une part, et par les explorateurs permissionnés, d'autre part. Que si l'on veut encourager davantage ces recherches, dans la pratique, il suffirait de modifier l'article 10 de manière à faciliter la délivrance des permis de recherches : c'est ce que nous proposons, comme il sera dit ailleurs.

Il peut paraître étrange que le projet de loi *qui supprime la classe des minières* institue en réalité, par les articles 7 et 124, *de véritables minières pour tous les gîtes métallifères sans distinction :* fer, plomb, zinc, cuivre, antimoine, etc. Mais il est une objection plus grave à faire contre cette antinomie de forme et de nomenclature, c'est le fait *du gaspillage minéral* que lesdits articles entraîneraient dans la pratique des choses, et qui doit suffire à les faire rejeter.

Maintenons, dirons-nous en terminant sur ce sujet important, les droits des propriétaires du sol, en ce qui concerne les substances minérales, dans une juste limite, ainsi que l'a fait la loi de 1810 ; mais *ne les développons point a priori, au détriment des aménagements généraux* des gîtes métallifères de notre pays.

Art. 8.

L'exploitation des sables métallifères dans les cours d'eau ou sur le rivage de la mer est libre sous réserve de l'observation des règlements généraux relatifs à la police des

L'article 8 relatif à l'exploitation des sables métallifères, dans les cours d'eau ou sur le rivage de la mer, comble une lacune réelle de la loi du 21 avril 1810. Les deux paragraphes composant cet article peuvent aisément être réunis en un seul, qui serait adjoint comme second paragraphe à l'article 2 actuel de la loi de 1810; la lacune législative serait ainsi comblée, sans rien changer au numérotage de la loi organique des mines.

cours d'eau ou du rivage de la mer, ainsi que des règlements particuliers qui pourraient être rendus pour de pareilles exploitations.

Toutefois, l'administration reste juge du moment où ces exploitations, par suite de leur développement ou de leurs conditions spéciales, rentrent dans la catégorie des mines.

Considérations préalables sur les titres II et III.

La question législative des recherches de mines se lie essentiellement avec l'institution de la propriété des mines. Le titre II du projet de loi relatif aux recherches de mines est ainsi intimement connexe avec le titre III, concernant la propriété des mines : cette connexité est pleinement reconnue par l'exposé des motifs, lequel s'exprime en ces termes (p. 6) :

« Dès que l'on admet, comme le fait le projet, la séparation » originaire de la mine et de la propriété de la surface, et » *l'attribution de la mine à l'inventeur,* il n'y a que deux systèmes » possibles de réglementer les recherches..... »

Ces paroles de l'exposé des motifs vont plus loin : elles indiquent, ce qui est vrai, que le mode dont les recherches seront régies par la loi, dérive, dans une certaine mesure, du système admis par cette loi pour *l'attribution de la propriété des mines.*

Discutons donc le système admis par le projet de la loi pour l'institution de la propriété *de la mine.* A ce sujet, l'exposé des motifs s'exprime comme il suit (p. 7) :

« Tandis que la loi de 1810 donne au gouvernement un » pouvoir *discrétionnaire* pour attribuer la propriété de la mine » à celui qui lui en paraît le plus digne, le projet de loi attri-

» bue le droit à la propriété de la mine à l'inventeur, c'est-
» à-dire à celui qui, le premier, a démontré matériellement
» l'existence d'un gîte exploitable ; à défaut d'inventeur, ou si
» l'inventeur ne réclame pas son droit, la mine ne peut être
» attribuée que par *adjudication au profit de l'État*. »

Mais comme il s'agit ici de la base de la nouvelle loi, re-
portons-nous au texte des articles du projet de loi qui concerne l'attribution de la propriété de la mine, c'est-à-dire aux
articles 20, 21 et 33 ainsi conçus :

Art. 20.

« La propriété de la mine est *attribuée à l'inventeur* qui en fait
» la demande dans les délais prescrits ; à défaut, elle sera attri-
» buée par voie d'adjudication publique.

» Est réputé inventeur l'explorateur qui aura le premier éta-
» bli matériellement, dans un périmètre de recherches, léga-
» lement détenu par lui, l'existence d'un gîte naturel, parais-
» sant techniquement susceptible d'exploitation.

» Serait déchu de son droit d'inventeur, l'explorateur qui
» ne revendiquerait pas la propriété de la mine avant l'expi-
» ration de son permis de recherches.

Art. 21.

» Un décret rendu dans les formes des règlements d'admi-
» nistration publique peut désigner les régions dans lesquelles
» les mines de certaines substances ne pourront être attribuées
» que par adjudication, sous réserve des droits d'invention qui
» auraient été régulièrement acquis avant la promulgation du-
» dit décret.

Art. 33.

» Un règlement d'administration publique déterminera les
» formes suivant lesquelles auront lieu les adjudications des
» mines dans les cas prévus aux articles 20 et 21.

» L'adjudication portera sur une somme à payer immédiate-
» ment à peine de nullité de l'adjudication.

» Il ne pourra être exercé aucun recours contre l'État pour
» erreur dans la contenance ou la délimitation du périmètre
» adjugé.

» L'adjudication sera rendue définitive par un décret rendu
» en Conseil d'État, qui ne sera susceptible d'aucun recours
» sur le fond.

» Ce décret sera publié et affiché comme il est dit à l'ar-
» ticle 31. »

Ainsi donc, le projet de loi attribue généralement la propriété de la mine à l'*inventeur*, sauf en certains cas à l'*État*, qui
la met en adjudication à son profit; d'autre part, il est dit
expressément, à l'article 5, que le *propriétaire de la surface n'a
aucun droit sur les mines qui peuvent exister dans son fonds.*

En droit, cette attribution de la propriété de la mine, soit
à l'inventeur soit à l'État suivant les cas, et *toujours sans stipulation d'aucun règlement des droits du propriétaire du sol sur les produits de la mine*, est une violation manifeste de notre droit public
français, dans un des articles du Code civil qui ont le plus
d'importance, l'article 552, lequel est ainsi conçu :

Art. 552.

« La propriété du sol emporte la propriété du dessus et du
» dessous . . . .
» Il (le propriétaire) peut faire au-dessous toutes les cons-

3

» tructions et fouilles qu'il jugera à propos, et tirer de ces
» fouilles tous les produits qu'elles peuvent fournir, sauf les
» modifications résultant des lois et règlements relatifs aux
» mines, et des lois et règlements de police. »

Cette seule considération de droit devrait suffire pour faire
repousser le système d'attribution de la propriété des mines
organisé par le nouveau projet de loi.

Ajoutons que la violation, en ce qui concerne les mines, du
principe exprimé à l'article 552 du Code civil serait d'autant
plus grave que ce principe n'a jamais été entièrement méconnu
en France antérieurement à la loi de 1810 ; il suffit de citer
à cet égard la loi du 28 juillet 1791, qui reconnaissait aux
propriétaires de la surface un droit de préférence pour obtenir
les concessions de mines ; ce droit de préférence ne fut pas
maintenu par la loi du 21 avril 1810, mais celle-ci régla, en
les consacrant, les droits des propriétaires du sol en matière
de mines.

Nous le répétons donc : en droit, les dispositions essentielles
et magistrales de l'article 552 du Code civil, que la loi de
1810 avait su respecter et que le projet de loi nouvelle viole
manifestement, doivent suffire pour faire repousser le mode
d'attribution de la propriété des mines organisé par ledit
projet de loi.

Mais les considérations tirées du *droit* ne sont pas les seules
dont il faille tenir compte dans une loi organique des mines ;
il y a aussi les considérations de *fait*, ou considérations *économiques*, qui ont ici une très grande importance, parce qu'en
thèse générale, il est *d'intérêt public* que les richesses minérales
situées dans le territoire de toute nation soient utilisées au mieux
possible *dans les conditions plus ou moins spéciales ou particulières de
cette nation*.

Or, la France n'est pas un pays de grande propriété foncière, comme l'Angleterre où la propriété des mines peut

suivre sans inconvénients la propriété du sol : la France est
un pays de *petite propriété* où la propriété foncière se morcelle
de jour en jour par l'effet incessant du Code civil; on ne
pouvait donc pas, dans ces circonstances, asseoir en France la
propriété des mines, comme elle l'est en Angleterre, sur le
principe de l'accession. En effet, il faut, au point de vue technique et économique, pour qu'une propriété de mines soit
viable, qu'elle ait un champ d'exploitation suffisant pour
assurer à l'exploitation les *ressources du présent* et les *réserves de
l'avenir*, chose essentiellement variable suivant l'allure, la
nature du gîte et les circonstances locales. Or, les législateurs
de 1810 ont satisfait à cette condition économique par les articles 5 et 29, l'article 5 portant que les mines ne peuvent être
exploitées qu'en vertu d'un acte de concession, et l'article 29
spécifiant que l'étendue de la concession est fixée par l'acte de
concession ; ils l'ont ainsi fait sans violer les droits acquis au
propriétaire du sol par l'article 552 du Code civil, et cela en
réglant et purgeant les droits des propriétaires du sol, par les
articles 6, 42 et 17.

Il faut bien le reconnaître, le système de l'accession, dans
lequel la propriété de la mine suit la propriété du sol, contient
en germe une grande facilité pour l'exécution de recherches
de mines par le propriétaire ou son cessionnaire. Eh bien !
l'article 10 de la loi de 1810 spécifie pour le propriétaire du
sol le droit de faire des recherches dans son fonds : d'où l'on
peut conclure que la loi de 1810 possède, au point de vue de
l'encouragement à donner aux recherches de mines, tous les avantages économiques du système de l'accession, alors que d'autre
part, au point de vue de l'exploitation, cette loi n'entraîne pas
les inconvénients économiques qu'aurait eus le système de
l'accession dans un pays de propriété aussi morcelée que la
France.

Parlons maintenant des inventeurs : sans doute il importe

extrêmement d'encourager les inventeurs dans le domaine de l'industrie minérale, mais la loi de 1810 l'a fait de trois manières distinctes et efficaces, savoir :

Premièrement. — A l'article 10, elle pose le principe des *permis de recherches de mines*, principe fécond, d'après lequel tout individu peut obtenir la faculté de faire toutes les explorations minérales qu'il désirera dans le terrain d'un tiers, et cela malgré l'opposition du propriétaire de la surface. Cette disposition assure donc à tous, y compris « *le chercheur, le pionnier hardi et intelligent, l'ouvrier qui court la montagne* », mentionné dans l'exposé des motifs du projet de loi (p. 3), les moyens de faire des recherches, et, par suite, des inventions minérales; elle provoque donc le surgissement des inventeurs. La seule chose qu'on pourrait désirer, c'est que l'article 10 de la loi de 1810 fût modifié de manière à faciliter et accélérer l'obtention des permis de recherches; or, la chose peut se faire aisément, comme il sera dit ultérieurement, en ajoutant quelques paragraphes complémentaires à l'article 10.

Deuxièmement. — A l'article 16, le législateur de 1810 dit expressément « *qu'en cas que l'inventeur n'obtienne pas la concession d'une mine,* » il aura droit à une indemnité de la part du concessionnaire; » elle sera réglée par l'acte de concession ». Ajoutons que cette disposition de l'article 16 n'est pas restée lettre morte : en effet, sans insister sur l'indemnité exceptionnelle de deux millions de francs accordée par la loi du 2 août 1825 aux inventeurs des mines de sel gemme des départements de l'Est, on peut citer des droits d'invention considérables, savoir : 45,000 francs accordés à l'inventeur des mines de zinc de Guerrouma, province d'Alger ; 40,000 francs, à l'inventeur des sources salées de Camarade, (Ariège) ; 30,000 francs, à l'inventeur des mines de plomb et zinc de Sentein (Ariège) ; 20,000 francs, à l'inventeur des mines d'anthracite de Bully et Fragny (Loire), etc.

Troisièmement enfin, l'explorateur qui n'a pas obtenu une concession de mines, reçoit du concessionnaire, en vertu de l'article 46 de la loi de 1810, une indemnité réglée par le Conseil de préfecture, en raison de l'utilité des travaux d'exploration opérés.

On est donc fondé à dire que la loi de 1810, bien qu'elle n'ait pas attribué la concession de la mine à l'inventeur comme le propose le projet de loi, a grandement et efficacement encouragé les inventeurs et explorateurs par les articles 10, 16 et 46.

Nous disons qu'elle a efficacement encouragé les inventeurs : cette efficacité est démontrée d'une manière éclatante par l'histoire des mines du Pas-de-Calais.

Transportons-nous donc à cet égard sur le terrain *des faits*, et observons quelle a été, en matière de recherches, l'influence de la loi de 1810 sur l'industrie houillère du Pas-de-Calais : sortons ainsi des considérations générales et jugeons la loi par ses résultats :

Dans le département du Pas-de-Calais, il n'existait, en 1840, que trois concessions houillères, celles d'Hardinghen, Ferques et Fiennes, embrassant une superficie totale de 5,226 hectares et produisant un total de houille presque insignifiant (14,651 tonnes valant 228,057 francs) ; en 1885, il existait dans le Pas-de-Calais vingt et une concessions houillères embrassant une superficie totale de 52,051 hectares, lesquelles ont produit 6,036,340 tonnes, valant 69,942,609 francs, ce qui représente en poids 30 0/0 environ de la production totale de la France (19,527,120 tonnes) et en argent 69,942,609 francs, soit 29 0/0 de la valeur totale sur le carreau de la mine des houilles extraites en France en 1885. En présence de ces résultats, nous avons le droit de dire que le développement de la richesse houillère du Pas-de-Calais est, au point de vue des recherches et de l'exploitation des mines, un *triomphe éclatant* pour la loi du 21 août 1810, considérée dans ses effets économiques.

Or, allons plus loin dans ces détails : parmi ces dix-huit concessions houillères instituées dans le Pas-de-Calais depuis
1840, et par application directe de la loi de 1810, nous voyons
des périmètres des contenances les plus variables : il y a des
périmètres étendus, tels que 7,979 hectares à Nœux, 6,352
hectares à Bully-Grenay, 6,232 hectares à Lens, 5,459 hectares
à Courrières, 3,809 hectares à Bruay. 2,990 hectares à Marles,
2,981 hectares à Liévin, etc., *tous périmètres bien supérieurs*, on le
voit, au maximum *de 800 hectares* spécifié par l'article 36 du
projet. Or, ce sont ces grands périmètres qui ont permis aux
Compagnies, propriétaires de ces mines, d'appeler et de fortement encourager les capitaux nécessaires à effectuer le développement houiller déjà obtenu ; et ce sont les réserves résultant de ces grands périmètres qui permettront plus tard tout
le développement économique de ces mêmes houillères, paral-
lèlement au développement des débouchés de l'avenir. Ajoutons,
d'autre part, que comme on a aussi institué dans le Pas-de-
Calais un nombre suffisant d'autres concessions plus petites,
on a pu ainsi *multiplier* les concessions houillères de cette région industrielle, pour y constituer une concurrence utile à
l'intérêt général, alors qu'en agissant de la sorte, on récompen-
sait aussi équitablement que possible les inventeurs et explorateurs qui ont jalonné le prolongement du bassin houiller du
Nord dans ces parages.

Ces magnifiques résultats du développement de l'industrie
houillère dans le Pas-de-Calais font éclater tout d'abord l'intervention utile de l'administration des mines. En effet, les Ingénieurs des mines, et particulièrement un Ingénieur aussi éminent
que modeste et dont il faut dire le nom, M. du Souich, qui a
longtemps occupé la résidence d'Arras, ont su conseiller et encourager les sondages à opérer par les divers demandeurs en
concession, et d'autre part, le Conseil général des mines,
a su proposer des périmètres de concession donnant tout à la

fois la satisfaction la plus *équitable* aux intérêts privés et la plus *efficace* à l'intérêt général.

Mais ce qu'il importe particulièrement et essentiellement de constater ici, c'est que les succès de l'industrie minérale dans le Pas-de-Calais sont une justification péremptoire du système d'attribution de la propriété des mines et du système admis pour encourager les recherches, tels qu'ils sont organisés, par la loi du 21 avril 1810.

L'exposé des motifs reproche à cette loi (p. 7) de donner au Gouvernement « *un pouvoir discrétionnaire pour attribuer la pro-* » *priété de la mine à celui qui en paraît le plus digne* ». Le développement de l'industrie houillère dans le Pas-de-Calais, sous le régime de la loi du 21 avril 1810, est une réponse péremptoire et anticipée aux critiques de l'exposé des motifs contre le système organisé par cette loi pour l'attribution de la propriété des mines et le prétendu pouvoir discrétionnaire qu'elle donne au Gouvernement. Conservons donc pour le développement de notre richesse minérale dans l'avenir le système d'institution de la propriété des mines, tel qu'il est organisé par la loi de 1810 ; conservons, en principe, la dualité des recherches par le propriétaire et par l'explorateur, organisée par l'article 10 de cette loi.

Telle est la conclusion à laquelle nous sommes conduit, en thèse générale, par l'étude de la question aux deux points de vue juridique et économique.

Mais il est une autre considération d'une importance extrême qui mérite d'être signalée : c'est celle qui se rapporte au *contre-coup* certain, quoique indirect, qu'exercerait sur la stabilité de la propriété des mines déjà concédées le système proposé par la loi nouvelle pour l'attribution de la propriété des mines, si cette loi venait à être votée.

Le système du projet de loi attribue à l'inventeur le droit à la propriété de la mine, et à défaut d'inventeur, ou si l'inventeur ne réclame pas son droit, il attribue la mine à l'État qui la vend par adjudication.

Or, à une époque où l'on entend crier si souvent : « *La mine aux mineurs* », alors que dans nos Assemblées délibérantes on appelait la propriété des mines une *propriété nationale*, une *propriété sociale*, une *propriété conditionnelle*, six semaines avant le dépôt du projet de loi (1), dans de semblables circonstances, si la loi projetée venait à être votée, il arriverait infailliblement ce qui suit : aux propriétaires des mines actuelles, aux possesseurs de concessions de mines instituées avant la loi nouvelle on dirait : *Vous n'êtes pas inventeurs* de votre mine comme X... et Y... qui viennent d'obtenir la propriété de mines nouvelles; vous avez obtenu votre mine *pour rien*, quoiqu'elle vaille beaucoup d'argent; *vous ne l'avez pas payée* comme A... et B... qui viennent d'acquérir de l'État, par adjudication, une mine nouvelle : donc vous *possédez indûment* votre mine, et il est du devoir de l'État de vous *la reprendre* (sauf indemnité, diront les plus modérés) pour la mettre en adjudication publique par parcelles accessibles à beaucoup d'acquéreurs. La revendication serait injuste, mais elle serait certaine; et l'on pourrait dire, à bon droit, que le projet de loi, quelles que fussent les bonnes intentions de ses auteurs, a été un *projet de loi révolutionnaire*, en ce qui concerne la propriété des mines.

Aujourd'hui donc, alors qu'il en est temps encore, nous dirons qu'en France, dans l'état actuel des choses, attribuer, pour l'avenir, la propriété de la mine à l'inventeur, ce serait, en fait, *ouvrir la tranchée pour donner l'assaut aux mines existantes.*

N'allons pas plus loin dans le développement de cette hypothèse, qui ne serait pas un roman, si la loi projetée par M. le Ministre venait à être votée, et bornons-nous à dire ce qui suit:

---

(1) Séance de la Chambre des Députés du 11 mars 1886; discours de M. Camélinat.

Les mines de houille déjà concédées en France sous le régime de la loi de 1810. produisent en ce moment 20 millions de tonnes de combustible ; or, ce n'est pas être déraisonnable d'estimer qu'elles valent mieux que les autres mines de houille qu'on pourra découvrir et qu'on découvrira certainement dans notre pays, mais avec plus de dépenses et de difficultés ; et de même, les mines de fer, de plomb, de zinc, de bitume. de cuivre, déjà concédées, ont une valeur réelle qui ne saurait être dédaignée, en comparaison avec les mines de même nature qu'on pourra découvrir en France. Or l'intérêt de ces *mines existantes* demande réellement et impérieusement. quoique d'une manière indirecte, qu'on ne renverse pas, comme fait le projet de loi, la base de l'institution de la propriété des mines ; il demande, comme le commande l'intérêt général, en ce qui concerne les mines de l'avenir, qu'on conserve le système d'attribution de la propriété des mines organisé par la loi de 1810. Tenons-nous en donc, conclurons-nous, aux systèmes de concession des mines et de recherches minières tels qu'ils sont organisés par les législateurs de 1810.

Et, maintenant. examinons successivement les articles des titres II et III du projet, pour rechercher s'ils ne contiennent pas des dispositions utiles, qu'on pourrait *incorporer dans la loi de 1810, sans en fausser l'esprit, sans en détruire la codification.*

TITRE II.

Recherches de mines.

Le principe de la dualité des recherches de mines concurrentes à opérer par le propriétaire et par le permissionnaire, devant être maintenu, ainsi qu'il a été dit, tel qu'il est établi par l'article 10 de la loi de 1810, l'article 9 du projet n'a aucune raison d'être.

4

ART. 10.

Toute demande de permis est adressée au préfet qui en donne récépissé.

Elle est inscrite sous son numéro d'ordre aux date et heure de son dépôt sur un registre spécial tenu à la disposition du public.

Le demandeur doit, dans la quinzaine du dépôt de sa demande, à peine de perdre son droit de priorité :

1° Fournir, en double expédition, un extrait dûment certifié du plan cadastral et de la matrice cadastrale, avec indication du périmètre demandé;

2° Justifier par acte extrajudiciaire qu'il a signifié sa demande aux propriétaires du sol intéressés;

3° Faire élection de domicile dans le département.

Ces formalités accomplies, le préfet délivre, suivant l'ordre de priorité, le permis de recherches pour celles des parcelles cadastrales reconnues libres dans le périmètre demandé; il rejette la demande qui est considérée comme nulle pour les parcelles légalement occupées par un autre permissionnaire au moment du dépôt de la demande.

Le périmètre ne pourra s'étendre sur plus de 50 hectares, et sa plus petite diagonale ne pourra être inférieure au tiers de la plus grande.

Le permis est inséré dans le recueil des actes administratifs de la préfecture; il est publié et affiché dans les communes sur lesquelles il porte.

Si l'on admet, comme nous le proposons, que l'on doit conserver le texte de l'article 10 de la loi du 21 avril 1810, lequel organise une concurrence féconde entre les recherches faites par le propriétaire ou son ayant droit, et celles que pourra pratiquer l'explorateur permissionnaire : si l'on admet, d'autre part, qu'il faut maintenir le principe d'institution de la propriété des mines tel qu'il est organisé par la loi de 1810 : dans ces conditions, on ne saurait adopter l'article 10 du projet en ce qui concerne les dispositions qui s'y trouvent au sujet du droit de priorité.

Nous reconnaissons néanmoins qu'il faudrait ajouter à l'article 10 primitif de la loi de 1810 divers paragraphes complémentaires pour accélérer la délivrance des permis de recherches et les multiplier. Rappelons du reste, à cette occasion, que pareille chose avait été proposée à la date du 15 avril 1875, par une sous-commission de révision de la loi des mines, instituée au Ministère des Travaux publics.

La délivrance des permis de recherches par le Préfet, proposée dans l'article 10 du projet, serait une très bonne chose ; il serait facile de modifier en ce sens l'article 10 de la loi de 1810 (voir le § 2 de cet article 10 modifié).

En ce qui concerne le plan à fournir, la notification aux propriétaires du sol et l'élection de domicile, les spécifications indiquées à l'article 10 du projet ne peuvent qu'être approuvées; il serait facile de les adjoindre en paragraphes additionnels à l'article 10 de la loi de 1810 (voir les §§ 3, 4 et 6 de cet article modifié).

Le projet porte que le périmètre du permis de recherches ne pourra s'étendre sur plus de 50 hectares. Deux motifs s'accordent pour faire réduire notablement cette étendue maximum, qui n'est pas nécessaire, au point de vue technique, pour de simples recherches de mines ne devant point dégénérer en travaux d'exploitation. D'une part, il faut maintenir au propriétaire la faculté de faire, soit par lui-même soit par son cessionnaire, des recherches de mines dans la partie de sa propriété non englobée par le permis, afin de maintenir le principe de dualité des recherches utilement posé à l'article 10 de la loi de 1810. Or, avec une superficie de 50 hectares pour le permis, les propriétaires français dont la propriété d'un seul tenant ne dépasse pas 5 hectares (et ils sont très nombreux) pourraient se trouver empêchés de faire des recherches chez eux par l'institution d'un seul permis; c'est un inconvénient qu'il faut, sinon éviter, du moins amoindrir dans la mesure du possible. On y parviendrait en stipulant que le permis de recherches embrasserait un espace carré de 200 mètres de côté seulement, faisant 4 hectares (voir le § 3 de l'article 10 révisé) : c'est suffisant pour que le permissionnaire puisse opérer ses recherches, et, dans un très grand nombre de cas, cela permettra aux possesseurs de propriétés de moyenne grandeur de pratiquer des recherches dans le restant de leur propriété, en dehors des 4 hectares du permis.

D'autre part, comme le permissionnaire, malgré son élection de domicile dans le département, peut ne pas présenter de grandes garanties pécuniaires, il importe, pour que les justes droits de la propriété soient défendus, et que satisfaction soit donnée virtuellement à la préalabilité de l'indemnité spécifiée par l'article 10 de la loi de 1810, il importe, disons-nous, qu'une *caution* soit imposée à tout demandeur d'un permis de recherches en proportion du périmètre de ce permis. La sous-commission de révision de la loi des mines, instituée en 1875, au Ministère des Travaux publics, demandait une consignation de 500 francs par hectare : or, un périmètre de 50 hectares représenterait, sur cette base, une caution de 25,000 francs, chiffre énorme. Nous estimons donc que, dans l'intérêt de tous, la contenance maxima des permis de recherches doit être réduite à un chiffre bien inférieur, quelques hectares seulement. Dans cet ordre d'idées, un périmètre de 4 hectares, ce qui est la contenance proposée par nous au § 3, ne demanderait qu'une caution de *2,000 francs*, ce qui n'est point une exigence exagérée vis-à-vis d'un explorateur qui veut faire des recherches sérieuses. (Voir le § 5 additionnel de l'article 10 révisé.)

Le périmètre carré de 4 hectares, à attribuer à chaque permissionnaire, serait d'un bornage très facile : il suffirait de poser quatre bornes aux sommets. Il importe, pour la police des recherches de mines, que la loi ordonne ce bornage aux frais du permissionnaire, et sous la réserve des indemnités d'occupation ou dégâts à payer aux propriétaires du sol. C'est ce qu'on a tâché de faire dans les paragraphes additionnels proposés pour l'article 10 de la loi de 1810, en tirant un double parti du travail de la sous-commission de révision de la loi des mines instituée en 1875 et de l'article 10 du projet de loi présenté par le Ministre, le 25 mai dernier (voir le § 5 additionnel de l'article 10 révisé).

Art. 11.

Le permis donne le droit exclusif de rechercher des mines dans les parcelles du périmètre pour lesquelles il a été délivré, à l'exception de celles pour lesquelles le propriétaire du sol serait régulièrement autorisé à exploiter par application des articles 7 et 124. Il est valable pour deux ans, et peut être prorogé par le préfet.

A l'expiration de sa durée, il est prorogé de plein droit pour l'explorateur déclaré inventeur, conformément aux dispositions de l'article 29.

L'explorateur dont le permis n'a pas été prorogé ne peut obtenir un nouveau permis sur le même terrain pendant un délai de trois ans.

La seule disposition à retenir de cet article, laquelle pourrait former un paragraphe additionnel de l'article 10 de la loi de » 1810, c'est que « le permis de recherches est valable pour » deux ans et peut être prorogé par le Préfet » ; nous proposons d'écrire cette disposition au paragraphe 9 de l'article 10.

Art. 12.

A défaut d'entente avec le propriétaire de la surface, l'ex-

Rien n'est à retenir du premier paragraphe de cet article, en admettant qu'on conserve, ce qui paraît le plus sage, l'article 10 actuel de la loi du 21 avril 1810, et les paragraphes 2 et 3 de l'article 43 de la loi du 21 avril 1810 modifié par la loi du 27 juillet 1880, où l'explorateur permissionné en vertu de l'article 10 est désigné nominativement.

Rien n'est à retenir non plus du second paragraphe, puisque nous venons de dire tout à l'heure que la caution de tant par hectare doit être, dans tous les cas, déposée préalablement par le permissionnaire.

Enfin le troisième paragraphe de l'article 12 du projet de loi a pour objet de remplacer l'article 11 de la loi du 21 avril 1810 relatif aux prohibitions de distance des travaux de mines aux habitatations : si l'on considère que la modification apportée à l'article 11 prévue par la loi du 27 juillet 1880 est encore bien récente ; que la modification apportée a paru jusqu'à ce jour satisfaire assez équitablement aux intérêts de tous, et que le remplacement du mot *habitation* de la loi actuelle par le mot *bâtiment* de l'article 12 projeté ne pourra que donner lieu à des controverses fâcheuses pour l'institution des recherches de mines, on sera conduit à dire que ce troisième paragraphe de l'article 12 doit être rejeté.

Les dispositions de l'article 13 sont inutiles à écrire dans la loi des mines, alors qu'on n'admet pas le principe de l'attribution forcée de la propriété de la mine à l'inventeur : elles pourraient même présenter des inconvénients dans la pratique des choses.

Pour faciliter l'industrie des recherches de mines, nous pensons qu'il y aura lieu d'insérer dans un paragraphe additionnel de l'article 10 de la loi actuelle que tout permis de recherches spécifiera expressément, pour le permissionnaire, la faculté de vendre ou utiliser les produits des recherches, et cela sans imposer au permissionnaire l'obligation de payer au

plorateur permissionné peut être autorisé, en se conformant aux dispositions de l'article 70, à occuper, dans les limites indiquées par son permis, les terrains nécessaires aux travaux de recherches.

Il pourra d'ailleurs être tenu, si le propriétaire superficiaire l'exige, à donner caution pour la réparation de tous les dommages qui résulteraient des travaux de recherches, et dont il restera en tous cas responsable.

Aucune recherche de mine ne pourra être entreprise et poursuivie, sans le consentement formel du propriétaire, dans ou sous les bâtiments, enclos murés, cours et jardins, ni dans ou sous les terrains lui appartenant à une distance de 50 mètres desdits bâtiments et des clôtures murées qui en dépendent.

Art. 13.

L'explorateur peut céder son permis ou y renoncer. Pour être valables, la cession et la renonciation doivent être déclarées au préfet, qui en donne acte et en inscrit la déclaration au registre mentionné à l'article 10.

Art. 14.

L'explorateur ne peut disposer des substances abattues dans ses travaux, et rentrant dans la classe des mines, sans une permission délivrée par le préfet, après paiement au Trésor d'une somme de 50 francs.

Trésor une somme de 50 francs. Outre que cette obligation fiscale serait une charge pour les explorateurs, elle aurait l'inconvénient grave, dont nous avons déjà parlé, de faire croire qu'en France *les mines appartiennent à l'État*, ce qui n'est pas. Mais en même temps que le permis de recherches porterait la faculté de disposer des produits extraits, il devrait fixer les droits du propriétaire de la surface sur ces produits, comme il est dit au paragraphe 8 de l'article 10 révisé. C'est la conséquence forcée du maintien, dans la loi des mines, des articles 6 et 42 de la loi du 21 avril 1810; nous croyons ce maintien nécessaire pour affirmer la *transaction* opérée par la loi de 1810, laquelle loi, purgeant les droits du propriétaire sur les produits extraits par le *concessionnaire*, doit aussi purger ces mêmes droits sur les produits extraits par *l'explorateur*.

Quant au deuxième paragraphe de l'article 14 portant que le permissionnaire ne pourra disposer que pour l'usage de ses travaux des substances extraites par lui qui rentreraient dans la classe des carrières, il pourrait être utilement ajouté à l'article 10 de la loi de 1810, dans le paragraphe 8 ci-dessus mentionné.

Art. 15.

Les travaux de recherches sont soumis à la surveillance de l'administration, conformément au titre VIII.

Le préfet, après mise en demeure, peut ordonner l'arrêt, par voie administrative, de tous travaux de recherches qui auraient dégénéré en travaux d'exploitation ; en ce cas, le permis de vente devient nul de plein droit.

L'article 50 de la loi de 1810 modifié par la loi du 27 juillet 1880, lequel est relatif à la surveillance administrative, mentionne explicitement *les travaux de recherche ou d'exploitation* d'une mine ; comme nous proposons de conserver cet article 50, il semble que le premier paragraphe de l'article 15 du projet deviendrait inutile. Néanmoins comme il convient, tout en encourageant les recherches de mines d'éviter tout gaspillage de la richesse minérale, nous admettons que la disposition écrite au premier paragraphe de l'article 15 du projet serait utilement insérée dans un paragraphe additionnel à l'article 10 de la loi de 1810, lequel serait le § 13. Dans le même § 13, on insérerait la défense de faire dégénérer les travaux de recherches en travaux d'exploitation telle qu'elle est écrite au 2e § de l'article 15 du projet. Toutefois, comme nous admettons que tout permis de recherches porte permis de vente, les derniers mots de ce § 13 de l'article 10 devraient être libellés comme il suit : « En ce cas, le permis de recherches devient nul de plein droit. » La crainte, pour les permissionnaires, de voir annuler leur permis de recherches au cas où leurs travaux dégénéreraient en travaux d'exploitation serait chose très salutaire pour le bon aménagement de la richesse minérale.

Rappelons d'autre part que comme nous maintenons, conformément à l'esprit de l'article 10 actuel de la loi de 1810, et dans l'intérêt de l'industrie des recherches minérales, la *dualité de recherches concurrentes* exécutées soit par le propriétaire du sol ou ses ayants droit, soit par des permissionnaires, il y aura lieu, dans le paragraphe 13 adjoint à l'article 10, de spécifier que la surveillance administrative s'exercera également sur toutes ces différentes recherches.

Dans l'état actuel des choses, lorsqu'il s'agit de recherches à opérer dans un terrain concédé, pour des substances minérales étrangères à celle qui fait l'objet de la concession, deux seules personnes sont aptes à les pratiquer ; le propriétaire du sol et le concessionnaire. Le propriétaire agit en vertu de l'article 552 du Code civil et de l'article 10 de la loi du 21 avril 1810. Le concessionnaire est en quelque sorte un *permissionnaire administratif d'office* en vertu du texte de l'article 12 de la loi du 21 avril 1810 qui porte que « dans aucun cas les recherches ne » pourront être autorisées sur un terrain déjà concédé », et par conformité avec les paroles suivantes du rapporteur de la loi de 1810 :

« S'il existait dans un terrain déjà concédé une mine incon-
» nue, tous les motifs, se réunissent pour en attribuer exclu-
» sivement la recherche au concessionnaire de la première. »

Art. 16.

Aucun permis de recherches ne peut être délivré dans le périmètre d'une mine qu'après accomplissement par le demandeur des formalités prescrites à l'article 10, et signification de sa demande au propriétaire de la mine.

Le préfet décide si le permis de recherches, sollicité par le propriétaire de la mine dans la quinzaine de ladite signification, peut lui être accordé de préférence.

Le permis, s'il est accordé à une personne autre que le propriétaire de la mine, fixe les conditions auxquelles les travaux de recherches seront assujettis pour ne pas nuire aux travaux d'exploitation de la mine.

L'état de choses actuel, qui assure la dualité des recherches, aussi bien dans les terrains concédés que dans les terrains non concédés, donne toute satisfaction équitable à l'industrie des recherches de mines : il doit donc être maintenu avec d'autant plus de raison que l'admission d'une troisième personne à faire des recherches, dans un terrain concédé, ne ferait que gêner, sans utilité réelle, l'exploitant de la mine déjà concédée.

Il y a donc lieu de rejeter l'article 16 du projet.

Art. 17.

Tout permis de recherches est annulé de plein droit si les terrains pour lesquels il a été délivré viennent à être englobés dans le périmètre d'une mine.

A dater de l'institution de cette mine, l'explorateur pourvu d'un permis de vente cesse de pouvoir disposer des produits provenant de ses recherches.

Le premier paragraphe de cet article, sauf à dire finalement « dans le périmètre d'une concession de mine » au lieu de « dans le périmètre d'une mine, » formerait un paragraphe additionnel qu'on pourrait utilement adjoindre à l'article 10 de la loi du 21 avril 1810, et qui serait le § 14.

Le second paragraphe de l'article 17 du projet nous semble inutile.

Art. 18

Nul ne peut occuper simultanément deux périmètres de recherches dont les sommets les plus rapprochés sont distants de moins de 1 kilomètre.

Aucun droit d'invention ne peut être valablement acquis par leur détenteur dans de pareils périmètres.

Le premier paragraphe de l'article 18, sauf à dire « nul ne *peut obtenir des permis de recherches* au lieu de « nul ne *peut occuper simultanément deux permis de recherches*, pourrait être adjoint utilement comme paragraphe additionnel à l'article 10 de la loi de 1810 : il aurait pour effet de prévenir l'accaparement des permis de recherches dans une même région (voir le paragraphe 12 adjoint à l'article 10 de la loi de 1810).

Quant au deuxième paragraphe, il n'y a pas lieu de l'insérer, alors qu'on n'admet pas le système de l'attribution nécessaire de la propriété de la mine à l'inventeur.

Art. 19

La constatation de l'avancement et des résultats des travaux de recherches est faite par l'ingénieur des mines, sur sa demande et aux frais de l'explorateur.

L'article 19 du projet serait pleinement motivé dans le système d'attribution de la propriété des mines à l'inventeur, sous réserve de quelques objections au sujet des frais imposés à l'explorateur pour la visite officielle de ses travaux ; mais cet article n'a plus raison d'être, alors d'une part que nous maintenons pour l'institution de la propriété des mines le système de la loi de 1810, et que, d'autre part, la surveillance administrative des travaux de recherches, instituée en principe par l'article 50 de la loi de 1810, doit être rappelée par un paragraphe additionnel à l'article 10 de ladite loi, ainsi qu'il a été dit précédemment, au sujet de l'article 15 du projet.

Ayant ainsi terminé nos observations sur le titre II du projet de loi concernant les recherches de mines, que nous proposons de rejeter, rappelons que nous demandons d'autre part que plusieurs paragraphes soient adjoints à l'article 10 actuel de la loi de 1810 pour faciliter et multiplier les permis de recherches minérales.

L'article 10 actuel formerait ainsi le premier paragraphe du nouvel article 10, lequel serait ainsi conçu :

Article 10 révisé :

Nul ne peut faire des recherches pour découvrir des mines, enfoncer des sondes ou tarières sur un terrain qui ne lui appartient pas qu'avec le consentement du propriétaire de la surface, ou avec l'autorisation du gouvernement donnée après avoir consulté l'administration des mines, à la charge d'une préalable indemnité envers le propriétaire et après qu'il aura été entendu.

§ 2. — *Le permis de recherches, émanant du gouvernement, sera délivré par le préfet, sur l'avis des ingénieurs des mines.*

§ 3. — *La demande en permis de recherches sera adressée au préfet, avec un extrait du plan cadastral en triple expédition, dûment certifié et portant indication du périmètre sollicité, lequel devra former un carré de 200 mètres de côté.*

§ 4. — *La pétition devra être accompagnée d'un acte extrajudiciaire justifiant que le pétitionnaire a signifié sa demande aux propriétaires intéressés.*

3

§ 5. — *Elle devra aussi être accompagnée d'un reçu du receveur des consignations attestant le dépôt, à titre de caution, d'une somme de 2,000 francs, à raison de 500 francs par hectare, pour les 4 hectares du périmètre sollicité, afin de pourvoir au paiement des indemnités dues au propriétaire de la surface et aux frais de bornage et d'affichage.*

§ 6. — *Le demandeur devra, dans sa pétition au préfet, faire élection de domicile dans le département.*

§ 7. — *Le préfet, après avoir reçu la demande en permis de recherches avec les annexes ci-dessus désignées, devra statuer dans le délai de quinzaine* (1).

§ 8. — *Le permis de recherches spécifiera pour le permissionnaire la faculté de vendre ou utiliser les produits des recherches, et fixera les droits des propriétaires de la surface sur les produits extraits rentrant dans la classe des mines. Mais le permissionnaire ne pourra disposer, que pour l'usage de ses travaux, des substances abattues par lui, qui rentrent dans la classe des carrières.*

§ 9. — *Le permis sera valable pour deux ans, et pourra être prorogé par le préfet.*

§ 10. — *Il sera inséré dans le recueil des actes administratifs, et publié et affiché dans les communes sur lesquelles il porte, aux frais du permissionnaire* (2).

§ 11. — *Le bornage du périmètre de 4 hectares afférents à chaque permis sera effectué, aux frais du permissionnaire, dans un délai de quinze jours à dater de la délivrance du permis, en présence de l'ingénieur des mines ou du garde-mines. Les indemnités dues au propriétaire du sol pour dégâts ou occupations de terrains afférents au bornage seront réglées conformément à l'article 43 de la présente loi.*

§ 12. — *Il ne pourra être accordé deux permis de recherches au*

---

(1) La disposition écrite au § 7, pour accélérer la délivrance des permis de recherches, se justifie d'elle-même.

(2) Cette disposition qui rappelle le dernier paragraphe de l'article 10 du projet, se justifie d'elle-même.

*même demandeur, à moins qu'il ne s'agisse de deux périmètres dont
les sommets les plus rapprochés soient distants de plus de 1 kilomètre.*

§. *13. — Les travaux de recherches de mines, exécutés, soit par les
propriétaires du sol ou leurs ayants droit, soit par les permissionnaires,
sont soumis à la surveillance de l'administration conformément au
titre V. Le préfet, après mise en demeure, peut ordonner l'arrêt, par
voie administrative, de tous travaux de recherches qui auraient dégénéré
en travaux d'exploitation; en ce cas, le permis de recherches devient nul
de plein droit.*

§ *14. — Tout permis de recherches est annulé de plein droit si
les terrains pour lesquels il est délivré viennent à être englobés dans
le périmètre d'une concession de mines.*

Tel serait le nouvel article 10 révisé de la loi du 21 avril 1810,
lequel aurait pour effet de faciliter et développer les recherches de mines : on a réuni, comme on voit, dans ce texte
plusieurs des dispositions du titre II du projet de loi. Le nouvel article 10 (ancien modifié) comporterait 14 paragraphes :
cela ne doit pas étonner, puisqu'il deviendrait dans la loi des
mines, le principal article régissant et organisant les recherches de substances minérales ; d'autre part, ce développement
donné à l'article 10 révisé, qui n'aurait par lui-même aucun
inconvénient réel, offrirait le très grand avantage de ne pas
altérer la codification de la loi organique des mines, laquelle
est une sorte de *code minier*.

Rappelons à ce sujet que la sous-commission de révision de
la loi des mines, instituée administrativement en 1875 au
ministère des travaux publics, avait proposé déjà, à la date du
15 avril 1875, d'ajouter à l'article 10 divers paragraphes additionnels pour faciliter et développer l'industrie des recherches
de mines.

TITRE III.

Institution de la propriété des mines.

SECTION I.

PROCÉDURE DE L'INSTITUTION.

ART. 20

La propriété de la mine est attribuée à l'inventeur qui en fait la demande dans les délais prescrits; à défaut, elle sera attribuée par voie d'adjudication publique.

Est réputé inventeur l'explorateur qui aura le premier établi matériellement, dans un périmètre de recherches, légalement détenu par lui, l'existence d'un gîte naturel paraissant techniquement susceptible d'exploitation.

Serait déchu de son droit d'inventeur, l'explorateur qui ne revendiquerait pas la propriété de la mine avant l'expiration de son permis de recherches.

ART. 21.

Un décret rendu dans les formes des règlements d'administration publique peut désigner des régions dans lesquelles les mines de certaines substances ne pourront être attribuées que par adjudication, sous réserve des droits d'invention qui auraient été régulièrement acquis avant la promulgation dudit décret.

L'article 20 est l'application directe du principe qui attribue la propriété de la mine à l'inventeur ou, à son défaut, à l'État qui vend la mine par adjudication publique.

Or ce principe, nous l'avons déjà dit, doit être repoussé au point de vue du droit, comme étant en contradiction manifeste avec le droit public français (article 552 du Code civil); il doit être écarté, au point de vue économique, en raison de l'ébranlement qu'il apporterait indirectement mais inévitablement dans le droit de propriété de toutes les mines concédées jusqu'à ce jour. Nous ne pouvons donc que proposer le rejet de l'article 20.

Gardons pour l'institution de la propriété des mines le régime de la loi de 1810, lequel organise une sage conciliation entre les droits des inventeurs et ceux des propriétaires de la surface.

Nous devons également proposer le rejet de l'article 21, qui permet d'appliquer le régime domanial, pour l'institution de la propriété des mines, par adjudication, dans certaines régions du territoire.

L'application de ce régime, s'il devait embrasser toutes les propriétés de *mines nouvelles* à instituer dans l'avenir, aurait, nous l'avons dit, le très grave inconvénient d'ébranler, particulièrement à l'époque présente, la solidité de la propriété des mines précédemment concédées gratuitement sous le régime de la loi de 1810, et il devrait être rejeté, alors que d'autre part, il viole manifestement les principes de notre droit public français, tels qu'ils ressortent de l'article 552 du Code civil.

Mais en ne considérant que les mines dont la propriété sera instituée dans l'avenir, il offre un vice radical, c'est celui de détruire l'*uniformité* dans l'organisation de la propriété des mines, alors que cette uniformité est une condition essentielle de toute bonne loi des mines ; ajoutons ici que ce manque d'uniformité serait d'autant plus grave que c'est l'État, *juge et partie* dans la question, qui déciderait, par un décret en forme de règlement d'administration publique, quelles sont les régions de la France où les mines appartiendront à l'État, et seront instituées par adjudication publique.

L'article 21 du projet livrerait donc l'institution de la propriété des mines à un pouvoir discrétionnaire bien autrement dangereux que celui qui résulte de la loi de 1810. En effet, dans l'état actuel des choses, généralement parlant, le Gouvernement, agissant en Conseil d'État, *distribue* les concessions de mines nouvelles soit à l'inventeur, soit à tel explorateur, soit à tel propriétaire ou autre personne qui lui paraît la plus apte à exploiter la mine dans l'intérêt général, mais il ne se les adjuge pas à lui-même pour les revendre, comme le permettrait l'article 21 : c'est assez dire que cet article 21 doit être repoussé. Il serait, contre l'intention des législateurs certainement, une véritable incitation à l'opinion publique pour demander que l'État s'empare de toutes les mines en France, sauf indemnité éventuelle, afin de les mettre en adjudication publique.

L'article 22 du projet vise implicitement des dispositions de l'article 46 de la loi du 21 avril 1810 lequel suffit, tel qu'il est interprété par la jurisprudence, à garantir le règlement, par le Conseil de préfecture, des indemnités à attribuer aux explorateurs non déclarés concessionnaires.

Nous proposons donc de repousser l'article 22 du projet et de conserver l'article 46 de la loi actuelle, en y faisant, pour éviter toute ambiguïté, la légère correction suivante proposée dès

Art. 22.

Le propriétaire d'une mine doit une indemnité aux explorateurs évincés, pour ceux de leurs travaux de recherches compris dans le périmètre de ladite mine qui seraient utilisés ou pourraient l'être, ou qui auraient donné des indications utiles pour son exploitation.

Cette indemnité est évaluée

d'après l'utilité directe ou indirecte des dits travaux, au moment de l'institution de la propriété de la mine.

Elle sera fixée par le Conseil de préfecture.

1875, par la sous-commission de révision de la loi des mines instituée au ministère des Travaux publics.

Art. 46.

Les questions d'indemnité à payer *par les concessionnaires de mines aux explorateurs ou anciens exploitants* pour recherches ou travaux antérieurs à l'acte de concession seront décidées conformément à l'article 4 de la loi du 28 pluviôse an VIII.

Disons, au sujet de l'article 46 de la loi de 1810, que la sous-commission dont il vient d'être parlé avait proposé d'y adjoindre un paragraphe additionnel pour combler une lacune de la loi des mines, en ce qui concerne les anciennes haldes, lacune comblée dans certaines législations étrangères et notamment à l'article 54 de la loi prussienne ; ce paragraphe, que nous proposons d'insérer à l'article 46, et qui sera rappelé, à l'occasion de l'article 41 du projet, serait ainsi conçu :

Les haldes d'anciennes mines situées dans le périmètre de la concession pourront être exploitées par le concessionnaire pour l'extraction des matières minérales concédées, sous la double réserve de payer aux propriétaires du sol les indemnités d'occupation à régler par les Tribunaux, et de payer, s'il y a lieu, aux anciens explorateurs ou anciens exploitants les indemnités spécifiées dans le présent article, et qui seront réglées par le Conseil de préfecture.

Art. 23.

L'explorateur qui veut obtenir la propriété d'une mine présente sa demande par écrit au Préfet qui en donne récepissé et l'inscrit avec la mention de la date et de l'heure de son dépôt sur un registre spécial tenu à la disposition du public.

La demande fait connaître

Les articles 23 à 32 du projet se rapportant au système d'attribution de la propriété à l'inventeur, système que nous repoussons, par les motifs précédemment exposés, pour nous en tenir au système organisé par la loi de 1810, il s'ensuit que nous proposons de rejeter lesdits articles 23 à 32 pour nous en tenir, en ce qui concerne l'obtention des concessions, aux articles 22 à 30 de la loi du 21 avril 1810.

Ces articles 22 à 30 de la loi de 1810 méritent d'autant plus d'être maintenus, sauf les modifications qui seront proposées pour les articles 29 et 30, que plusieurs d'entre eux, les articles 23 et 26, ont été avantageusement modifiés par la loi récente du 27 juillet 1880, de façon à abréger de moitié les délais de publications et d'affiches, ramenés de quatre mois à deux mois ; et, quant aux articles de cette section, il s'est formé, en ce qui les concerne, une jurisprudence administrative qui a eu, pour juste effet, d'améliorer, dans l'intérêt de tous, leur application pratique.

Nous ne proposerions, sauf ce qui sera dit plus tard sur l'article 29, qu'une seule modification à ces articles 22 à 30 : ce serait l'adjonction d'un troisième paragraphe à l'article 30, lequel serait désormais ainsi conçu :

Art. 30.

Un plan régulier de la surface, en triple expédition, et sur une échelle de dix millimètres pour cent mètres, sera annexé à la demande.

§ 2. — Ce plan devra être dressé ou vérifié par l'ingénieur des mines et certifié par le préfet du département.

§ 3. — *Le périmètre des concessions est, immédiatement après le décret d'institution, reporté par les soins de l'ingénieur des mines sur une carte des concessions à l'échelle de* $\frac{1}{10.000}$. *Cette carte restera déposée dans le bureau de l'ingénieur, et le public pourra en prendre connaissance.*

Cette adjonction d'un troisième paragraphe à l'article 30, qui rappelle une disposition très sage insérée à l'article 20 de la loi des mines de la Prusse, du 24 juin 1865, avait été proposée, dès le 15 avril 1875, par une sous-commission de révision de la loi des mines organisée par le Ministre des Travaux publics.

Cette modification de l'article 30 permettrait aux ingénieurs des mines, aidés des gardes-mines, d'avoir dans leurs bureaux

la nature du gîte et le domicile élu par le pétitionnaire dans le département.

Art. 24.

Dans les quinze jours du dépôt, la demande, à peine de nullité, doit être complétée par :

1° Un plan de la surface, dûment certifié, en quadruple expédition, à l'échelle de $\frac{1}{10.000}$, sur lequel seront portés et définies les limites du périmètre demandé ;

2° Un récépissé de versement de la somme fixée pour faire face aux frais de l'instruction.

Art. 25.

Sur le vu de l'accomplissement des formalités précédentes, le Préfet ordonne les affiches et publications de la demande, pendant un mois, aux chefs-lieux du département, de l'arrondissement et des communes sur lesquels porte le périmètre de la mine, ainsi que de la commune du domicile du demandeur.

Les maires certifient ces affiches et publications.

La pétition est insérée par extraits, deux fois à dix jours au moins d'intervalle, dans le *Journal Officiel* et dans l'un des journaux du département.

Art. 26.

Les oppositions ne seront recevables que si elles ont été signifiées au Préfet par acte extrajudiciaire pendant le mois de l'enquête.

Tout opposant doit justifier, dans la même période et sous la même sanction, que son opposition a été notifiée par lui au demandeur, et faire connaître le domicile élu par lui dans le département.

Les oppositions sont inscrites sur 'e registre spécial mentionné à l'artic e 23.

Art. 27.

Immédiatement après la clôture de l'enquête, le Préfet transmet le dossier au Ministre des Travaux publics avec le rapport des Ingénieurs de mines et son avis.

Art. 28.

Il est statué sur chaque demande par un décret, rendu en Conseil d'État dans les formes prévues à l'article 31, d'après l'ordre de priorité du registre spécial, mentionné à l'article 23.

Toute personne qui, dans l'enquête locale, a revendiqué des droits d'inventeur ou s'est portée opposante au titre d'inventeur, peut demander, au cours de ladite enquête, à être entendue dans ses observations orales par le Conseil général des mines.

Jusqu'à l'émission de l'avis du Conseil d'État, le demandeur et les opposants pourront présenter des observations au Conseil d'État par le ministère d'un avocat au Conseil.

Art. 29.

Sera rejetée comme nulle toute demande en institution de propriété de mine, qui aura été faite avant que l'existence du gîte demandé ait été matériellement établie.

Le décret qui rejette la demande pour défaut d'invention de la part du demandeur, fait connaître, suivant le cas, quel est l'opposant déclaré inventeur, ou si la mine dont l'exis-

une véritable *carte minière de la France* qui serait d'un grand intérêt pour le public et pour l'administration : cette carte minière deviendrait à la longue, alors qu'on y indiquerait les emplacements des minières, carrières et chaudières à vapeur, tous établissements soumis à la surveillance officielle de l'administration des mines, la carte minière et industrielle du pays.

Du moment que nous demandons le maintien du principe de la propriété des mines, il va de source que nous demandons le maintien des articles 22 à 30, qui règlent le mode d'obtention des concessions, et celui des articles antérieurs, savoir :

Maintien de l'article 5 de la loi de 1810, lequel forme la base de l'édifice en spécifiant que « les mines ne peuvent être exploitées qu'en vertu d'un acte de concession délibéré en Conseil d'État » ;

Maintien de l'article 7, l'un des plus importants de la loi de 1810, en raison de la stabilité, de la confiance qu'il a apportée dans la propriété des mines par cette disposition magistrale, dont on regrette l'absence dans le projet de loi déposé par M. le Ministre : « *Il* (l'acte de concession) *donne la propriété per-*
» *pétuelle de la mine, laquelle est dès lors disponible et transmissible*
» *comme tous autres biens, et dont on ne peut être exproprié que dans*
» *les cas et selon les formes prescrites pour les autres propriétés.* »

Toutefois, en ce qui concerne l'article 7, il y aurait lieu de le mettre en harmonie, d'une part, avec le décret-loi du 23 octobre 1852, qui, s'il peut être attaqué dans la forme, n'en est pas moins, au fond, dans l'esprit général de la loi de 1810, et d'autre part, de l'harmoniser avec la loi du 27 avril 1838 : deux observations doivent donc être faites à ce sujet.

Tout d'abord, l'article 31 de la loi du 21 avril 1810, lequel porte que « plusieurs concessions pourront être réunies entre les mains du même concessionnaire, soit comme individu, soit comme représentant d'une compagnie, mais à la charge de tenir en activité l'exploitation de chaque concession, devrait être profondément modifié comme il suit, partie dans l'esprit des propositions de la Commission de révision de la loi des mines instituée en 1875 au Ministère des Travaux publics, partie conformément aux propositions du Conseil général des mines (1) et partie conformément aux indications de l'article 55 du projet.

Art. 31.

Les concessions de mines de même nature ne pourront, à peine de nullité de tous actes de réunion, être réunies entre les mains du même concessionnaire par association, par acquisition ou de toute autre manière, sans une autorisation préalable du Gouvernement, demandée et obtenue dans les mêmes formes que la concession.

§ 2. — Les concessions de mines de même nature, régulièrement réunies entre les mains d'un même concessionnaire, conserveront leur individualité en ce qui touche les obligations diverses des concessionnaires, particulièrement celles qui concernent l'activité de l'exploitation de chacune d'elles.

§ 3. — Toutefois, le propriétaire de plusieurs concessions de mines de même nature, contiguës et disposées de manière à pouvoir être comprises dans un même périmètre, peut être autorisé à les réunir en une seule, l'autorisation devant être demandée et obtenue dans les mêmes formes que la concession.

D'autre part, l'article 7 pourrait être tout d'abord modifié de la manière suivante, conformément aux propositions de la sous-commission administrative de révision de la loi des mines, instituée au Ministère des Travaux publics en 1875.

Art. 7.

« Il donne la propriété perpétuelle de la mine, laquelle est » dès lors disponible et transmissible comme tous autres biens

(1) Le Conseil général des mines s'est occupé de la révision de loi de 1810 dans plusieurs séances en date des 12, 15 et 26 décembre 1875, 5, 12, et 26 janvier 1877 et 23 février 1877.

tence aurait été reconnue, doit être attribuée par voie d'adjudication.

Art. 30.

L'opposant déclaré inventeur sera considéré comme ayant introduit sa demande en institution de propriété de mine à la date de la demande à laquelle il a fait opposition.

Il sera déchu de ses droits d'inventeur s'il n'a pas présenté sa demande en institution de propriété avant le décret qui lui a reconnu cette qualité, ou au plus tard dans le mois suivant.

Si la demande de l'opposant déclaré inventeur s'étend sur des terrains non compris dans la première enquête et au sujet desquels s'élèvent dans l'enquête spéciale à cette demande, des oppositions à titre d'inventions reconnues fondées, le décret, à défaut d'entente entre les intéressés, statue sur la délimitation des terrains contestés.

Art. 31.

Tout décret rendu par application des articles 28, 29 et 30 est motivé ; il reproduit les dispositifs des avis du Conseil général des mines, du Ministre des Travaux Publics et ; Conseil d'État.

Ce décret est inséré au *Bulletin des Lois* et au recueil des actes administratifs de la préfecture ; il est affiché et publié dans les communes sur lesquelles a porté la demande s'il y a rejet, ou sur lesquelles s'étend le périmètre de la mine s'il y a institution ; il est signifié au demandeur et aux opposants à titre d'inventeurs; mention du décret sst faite sur le registre prévu à l'article 23.

Ce décret, régulièrement rendu après accomplissement des formalités légales, n'est susceptible d'aucun recours sur le fond.

Art. 32.

Le droit reconnu à l'inventeur par la présente loi est réputé mobilier ; il peut être cédé.

» et dont on ne peut être exproprié que dans les cas et selon les » formes prescrites pour les autres propriétés conformément au » Code civil et au Code de procédure civile, *sous la réserve résul-* » *tant de l'article 49 et des dispositions de la loi du 27 avril 1838.*

» Toutefois une *concession* ne peut être vendue par lots ou » partagée, *ni réunie à d'autres concessions de même nature,* sans une » autorisation préalable du gouvernement, *demandée* et donnée » dans les mêmes formes que la concession ainsi qu'il résulte » de l'article 31. »

Nous demandons le maintien des articles 8 et 9 de la loi de 1810, lesquels déclarent que les mines sont immeubles et spécifient seulement que sont meubles les matières extraites, les approvisionnements et autres objets mobiliers.

La section 1re du titre II de la loi de 1810, qui comprend les articles 10, 11 et 12 relatifs à la recherche et à la découverte des mines, devrait, ainsi qu'il a été dit, être modifiée, en son article 10, auquel il faudrait adjoindre treize paragraphes additionnels déjà mentionnés, afin de faciliter l'obtention des permis de recherches et d'encourager l'industrie des recherches de mines.

L'article 11 a été récemment modifié par la loi récente du 27 juillet 1880 : il a donné satisfaction à des plaintes légitimes formées dans l'intérêt de l'industrie des mines ; il n'y a pas de motifs sérieux pour le modifier à nouveau.

Il n'y a pas lieu non plus de modifier l'article 12 dont la jurisprudence a éclairci le sens et fixé l'application.

Tous les articles 13 à 21 de la section II du titre Ier de la loi de 1810, et se rapportant à la préférence à accorder pour les concessions, doivent être maintenus, étant admis qu'on conserve, comme il faut le faire expressément, le principe d'institution des concessions organisé par la loi de 1810. Ces articles ont tous une grande importance vis-à-vis des différentes personnes pouvant s'intéresser à la recherche des mines, demandeurs en concession, inventeurs, propriétaires de la surface, concessionnaires, et autres.

Ainsi il faut maintenir l'article 13 qui admet, de la façon la plus libérale, toutes personnes et toutes sociétés à demander et à obtenir, s'il y a lieu. une concession de mines ; maintenir l'article 14, qui oblige les demandeurs en concessions à justifier des qualités nécessaires pour entreprendre et conduire les travaux et satisfaire aux redevances, aux indemnités imposées par l'acte de concession ; maintenir, dans le juste intérêt de la propriété superficielle, l'article 15 relatif aux cautions à donner en cas de travaux sous des maisons ou lieux d'habitations; *maintenir l'article 16*, qui affirme le droit, pour le gouvernement de juger des motifs d'après lesquels la préférence doit être accordée aux divers demandeurs, propriétaires de la surface, inventeurs ou autres, et qui affirme pour l'inventeur, *en cas qu'il n'obtienne pas la concession d'une mine*, le droit à obtenir du concessionnaire une indemnité réglée par l'acte de concession ; maintenir l'article 17, qui porte que l'acte de concession fait après l'accomplissement des formalités prescrites purge, en faveur du concessionnaire, tous les droits des propriétaires de la surface et des inventeurs; cet article 17, juste pour tout le monde, affirme la netteté de la propriété des mines, après paiement des redevances tréfoncières et des droits d'inventeurs stipulés par l'acte de concession, en même temps qu'il donne l'autorité d'un véritable *contrat* à la fixation des redevances tréfoncières et des droits d'inventeurs stipulés par l'acte de concession ; maintenir l'article 18, qui porte que la redevance tréfoncière suit la vente du tréfonds à moins de stipulation contraire; maintenir l'article 19, un des plus importants de la loi, parce qu'il affirme, pour la nature de la propriété des mines. telle qu'elle est constituée par la législation de 1810, *la doctrine de la propriété nouvelle.*

Disons enfin qu'il faut maintenir aussi les articles 20 et 21 qui établissent que les droits de privilèges et d'hypothèques peuvent être acquis sur la propriété de la mine. Ces deux articles affirment à nouveau l'assimilation de la propriété des mines aux autres propriétés immobilières, assimilation déjà proclamée à l'article 8, et qui donne à la propriété minérale, une stabilité précieuse et féconde.

ART. 33.

Un règlement d'administration publique déterminera les formes suivant lesquelles auront lieu les adjudications de mines dans les cas prévus aux articles 20 et 21.

L'adjudication portera sur une somme à payer immédiatement à peine de nullité de l'adjudication.

Il ne pourra être exercé aucun recours contre l'État pour erreur dans la contenance ou la délimitation du périmètre adjugé.

L'adjudication sera rendue définitive par un décret délibéré en Conseil d'État, qui ne sera susceptible d'aucun recours sur le fond.

Ce décret sera publié et affiché comme il est dit à l'article 31.

ART. 34.

Le propriétaire d'une mine peut à toute époque faire valoir les droits de propriété dérivant de son titre contre le propriétaire d'une mine instituée postérieurement à la sienne.

ART. 35.

Sauf le cas de limites communes avec une propriété de mines déjà instituée ou celui d'une autorisation spéciale de l'administration, le périmètre des mines sera déterminé par

Après avoir combattu et repoussé le principe de la vente de la mine par l'État; après avoir combattu, au point de vue du droit de tous et des justes recherches des concessions de mines déjà instituées, dont il ne faut pas ébranler, même indirectement, le principe de propriété, nous ne pouvons que proposer de rejeter l'article 33 du projet, en nous référant à ce qui a été dit précédemment.

Cet article est inutile à insérer, avec le système d'institution de la propriété des mines organisé par la loi du 21 avril 1810 ; la jurisprudence suffit sans qu'il y ait lieu de modifier la loi actuelle.

L'article 35 relatif à la délimitation des mines n'offre véritablement aucun avantage vis-à-vis l'article 29 de la loi de 1810 qu'il convient de conserver.

Si l'on voulait apporter plus de précision, dans la forme de ce dernier article, on pourrait adopter la rédaction suivante proposée en 1875 par la Sous-Commission administrative de révision de la loi des mines.

ART. 29.

L'étendue de la concession sera déterminée par l'acte de concession; elle sera limitée par *des plans verticaux passant par des points fixes pris à la surface du sol*, et menés de cette surface à l'intérieur de la terre à une profondeur indéfinie.

L'article 36 du projet de loi se rapporte expressément et exclusivement au système de l'attribution de la propriété de la mine à l'inventeur : alors que nous proposons, comme il a été dit précédemment, de repousser ce système, nous ne pouvons que rejeter l'article 36 en entier.

Néanmoins, nous croyons devoir nous appesantir un peu sur cet article 36, en raison des prescriptions qu'il contient pour le maximum de superficie des propriétés de mines, savoir 800 hectares pour les mines de houille et 500 hectares pour les autres.

Avec le système de l'attribution de la propriété de la mine à l'inventeur, il faut qu'il y ait une limitation assez étroite de superficie; mais, d'autre part, en France, à raison de l'allure irrégulière de nos gîtes minéraux (combustibles ou matières métalliques), laquelle constitue un *fait géologique* hors de conteste, il faut particulièrement chez nous que la loi des mines permette de donner des périmètres de contenances très variables, suivant l'allure, la nature, la richesse du gîte et les circonstances topographiques locales.

Il est un principe économique indiscutable, c'est que la loi des mines d'un pays doit être particulièrement avantageuse à l'exploitation des mines de ce pays. Or, il faut bien le reconnaître, nous n'avons pas en France des bassins houillers à allure régulière et riche comme en Westphalie et en Angleterre.

des lignes droites, ne présentant pas de parties rentrantes, et passant par des points fixes de la surface, faciles à définir et à retrouver.

ART. 36.

L'inventeur a droit au périmètre défini dans sa demande sous les réserves et conditions suivantes :

1° La superficie demandée ne doit pas dépasser 800 hectares pour les mines de combustible ou 500 hectares pour les autres mines ;

2° La plus petite diagonale doit être au moins égale au tiers de la plus grande ;

3° Le point où a eu lieu la découverte du gîte doit se trouver à l'intérieur du périmètre.

Le tout sous réserve de l'application de l'article 30, en cas de concurrence de droit d'invention.

L'inventeur peut, durant le mois de l'enquête locale, modifier le périmètre indiqué par lui, pourvu que le nouveau périmètre reste compris dans le premier; la demande de modification sera adressée par écrit au préfet et accompagnée de nouveaux plans dûment certifiés, en quadruple expédition à l'échelle de $\frac{1}{10.000}$; mention en sera faite au registre de l'article 23, sans qu'il soit besoin de procéder à une nouvelle enquête.

Le décret d'institution pourra

rectifier les limites définitivement choisies par l'inventeur,
sous la réserve que la superficie
ne soit pas augmentée ou diminuée de plus d'un dixième et
que le périmètre institué ne
porte pas sur d'autres communes que le périmètre demandé, sans préjudice d'ailleurs de la suppression des
parties qui empiéteraient sur
des mines déjà instituées.

Ayons donc une loi de mines en rapport avec l'allure et la nature de nos gîtes minéraux, qui permette d'accorder des périmètres plus ou moins vastes, suivant l'allure et la nature des gîtes minéraux de chaque région et les autres circonstances locales. C'est là le système d'institution de la propriété des mines, organisé par la loi de 1810; c'est à ce système qu'il faut se tenir.

Nous avons, dans diverses régions de la France, au nord comme au midi, des concessions de mines d'une vaste étendue, mais les faits sont là pour démontrer que l'industrie générale de l'exploitation des mines du pays n'a fait qu'y gagner.

Dans le Nord, sans invoquer l'exemple d'Anzin plusieurs fois cité, il y a les mines de houille d'Aniche qui embrassent une étendue de 11,850 hectares; or tous ceux qui connaissent les luttes persévérantes soutenues par la Compagnie d'Aniche, luttes industrielles qui ont été décrites avec compétence par un ingénieur éminent, M. Vuillemin, tout le monde s'accorde à reconnaître que le développement remarquable et la prospérité actuelle de ces mines sont une justification éclatante de l'étendue de leur périmètre de concession.

La Compagnie des mines de Lens, dans le Pas-de-Calais, qui a extrait, en 1885, plus d'un million de tonnes sur un périmètre de 6,239 hectares, n'a-t-elle pas justifié, aux yeux de tout le pays, par ses belles installations superficielles et souterraines que le gouvernement a bien fait de lui accorder une concession de cette étendue?

Dans le Gard, les mines de houille de Bessèges, n'ont-elle pas surabondamment justifié le périmètre de 2.805 hectares de leur concession par leur développement et par l'exécution d'un chemin de fer de Bessèges à Alais.

Dans le Tarn, les mines de Carmaux qui ont exécuté, sans subvention de l'État, le chemin de fer de Carmaux à Albi, n'ont-elles pas justifié par ce fait et le développement de leur exploitation, l'étendue du périmètre qu'elles possèdent (8,000 hectares)?

Dans le Centre, est-ce que Firminy, Blanzy, le Creusot, Commentry, n'ont pas surabondamment justifié par leurs installations, par leur développement industriel leurs périmètres respectifs de concessions, 5,586 hectares, 4,253 hectares, 6,211 hectares et 2,075 hectares?

Pour les mines de fer, est-ce que la vaillante Compagnie de Mokta et Tafna, qui a construit le chemin de fer de la Seybouse et le port de Beni-Saf n'a pas justifié les contenances de ses concessions ferrifères?

Est-ce que les Compagnies de Pontgibaud et de Vialas, qui persistent dans leur lutte industrielle pour l'exploitation de gîtes de plomb argentifère, n'ont pas justifié, par leurs efforts persévérants, l'attribution de leurs périmètres de concessions de 11,586 hectares et 5,184 hectares?

Il est inutile de poursuivre davantage cette énumération économique.

Mais ce n'est pas seulement au point des intérêts généraux de l'industrie minérale, c'est aussi au point de vue des *intérêts véritables des ouvriers mineurs* qu'il importe que les périmètres de concession de mines aient une étendue suffisante, et variable suivant les circonstances du gîte, et non pas limitée à une superficie maxima, comme celle de 800 mètres fixée par le projet de loi, pour les mines de houille.

Telle est la thèse qu'il nous reste à établir.

Occupons-nous particulièrement des mines de houille qui sont actuellement et seront toujours les mines les plus importantes de la France.

On sait que, dans le prix de revient de la houille il y a deux éléments distincts, l'un spécial à la main-d'œuvre qui constitue le salaire de l'ouvrier, l'autre composé de dépenses diverses, qui peut être particulièrement amoindri par un outillage perfectionné et par la concentration que permettent de bonnes installations intérieures et extérieures.

Si une mine possède une étendue suffisamment grande, elle aura une réserve minérale importante qui servira de garantie aux capitaux; cette mine, pouvant répartir, grâce à sa réserve minérale, une partie de ses dépenses d'installation et d'outillage sur un certain nombre d'exercices, obtiendra certainement une économie dans le deuxième élément du prix de revient mentionné tout à l'heure, vis-à-vis d'une mine d'une superficie limitée au maximum de 800 hectares.

Admettons que cette économie puisse être de 1 franc par tonne, et les praticiens reconnaîtront que cette hypothèse ne serait pas exagérée. Si cette économie est reportée tout entière sur l'élément du prix de revient afférent aux salaires, il arrivera que le bénéfice par tonne (pour l'exploitant) et le prix de vente par tonne (pour le public) restant les mêmes, *les salaires des ouvriers* auront profité de toute l'économie afférente à un périmètre de concession suffisamment grand : l'avantage procuré aux ouvriers ne saurait en ce cas être contesté.

Admettons, ce qui est plus probable et plus juste, que cet avantage soit réparti en trois fractions égales de 0 fr. 33 l'une, savoir :

1° Au profit de l'ouvrier, pour augmenter de 0 fr. 33 l'élément du prix de revient afférent aux salaires;

2° Au profit de l'exploitant, pour augmenter le bénéfice par tonne de 0 fr. 33;

3° Au profit du public, pour diminuer le prix de vente moyen de 0 fr. 33.

On aura donc obtenu, au moyen d'une concession d'une étendue suffisante, c'est-à-dire réglée selon le système de la loi de 1810, ce triple résultat de satisfaire les *intérêts véritables* des *ouvriers mineurs*, ceux des *exploitants* et ceux du *public*.

Il y a, ce semble, dans ce triple résultat un puissant mobile pour engager le législateur à maintenir le principe de l'insti-

tution des concessions de mines, au point de vue de leur étendue, tel qu'il est organisé par la loi du 21 avril 1810.

Restera-t-on, en opérant de la sorte, dans le programme
accepté par le gouvernement et voté par la Chambre des
Députés le 15 mars 1886?

Nous n'hésitons pas à répondre par l'affirmative.

Ce programme du 15 mars dernier porte que « la Chambre,
confiante dans la résolution du gouvernement d'introduire
dans la législation des mines les améliorations nécessaires et
convaincue qu'il saura s'inspirer du besoin de sauvegarder les
droits de l'État et les intérêts du travail, passe à l'ordre du jour ».

Le système des concessions de mines instituées selon le
régime de la loi de 1810 sauvegarde, en ce qui concerne l'étendue des concessions, les droits de l'État : la chose ne saurait
faire doute, puisque l'État est le pouvoir concédant. Il est plus
favorable à l'intérêt véritable des ouvriers mineurs, c'est-à-
dire au chiffre utile de leurs salaires, que le système du projet de
loi nouvelle limitant l'étendue des concessions à 800 hectares :
c'est ce qui résulte de l'analyse précédente. Enfin, il sauvegarde
les intérêts des exploitants et l'intérêt général, ce qui est un
double *surcroît*, non écrit dans l'ordre du jour voté par la Chambre :
mais qui pourrait se plaindre de ce surcroît?

Nous concluons donc à maintenir, sans maximum de périmètre, le système d'institution des concessions de mines tel
qu'il fut organisé par la loi du 21 avril 1810.

SECTION II.

BORNAGE DES MINES.

Le bornage des mines est ordonné par les cahiers des charges des concessions de mines : ainsi le dernier modèle de
cahier des charges, joint à la circulaire ministérielle du 9 octobre 1882 contient un article ainsi conçu :

Art. 37.

Le bornage d'une mine peut
être demandé par le propriétaire de la mine ou prescrit
par le Préfet.

Il est fait par les soins et

7

aux frais du propriétaire, en présence de l'ingénieur des mines qui en dresse procès-verbal.

Le procès-verbal est homologué par le Ministre des Travaux publics, après constatation de la régularité des opérations.

Art. 38.

Si deux mines sont limitrophes, ou si plusieurs mines ont un sommet commun, l'opération de bornage se fera pour ces parties aux frais communs des exploitants intéressés, en leur présence ou eux dûment appelés.

Art. 39.

S'il s'élève des contestations, pendant le cours du bornage, sur l'emplacement des sommets du périmètre, les opérations seront suspendues jusqu'à ce qu'il ait été statué sur le litige au point de vue de l'interprétation des titres d'institution.

Art. 40.

Les propriétaires du sol sont tenus de supporter, moyennant réparation de tous préjudices, les opérations auxquelles devront procéder pour le bornage les agents de l'administration ou ceux de l'exploitant dûment autorisés à cet effet par le Préfet.

Toutefois, ces agents ne pourront pénétrer dans les lieux clos qu'avec l'assistance du maire.

Les propriétaires du sol sont tenus de laisser poser les bornes, moyennant indemnité pour l'occupation des terrains et les préjudices, comme il sera dit au titre V.

Article A.

« Dans le délai de... à dater de la notification du décret de concession, il sera planté des bornes sur tous les points servant de limites à la concession, où cela sera reconnu nécessaire.

» L'opération aura lieu aux frais du concessionnaire... » à la diligence du préfet, et en présence de l'ingénieur des » mines, qui en dressera procès-verbal. Expéditions de ce pro- » cès-verbal seront déposées aux archives de la préfecture du » département d... et à celles d... commune d... »

Quant aux mines dont les actes de concession ne porteraient point la stipulation précédente concernant le bornage, l'administration des mines serait suffisamment armée par les articles 5 et 6 du décret-loi du 6 mai 1811, pour en prescrire la délimitation.

Nous estimons donc que les prescriptions relatives au bornage des mines ont leur place naturelle dans les cahiers des charges des concessions de mines, et non point dans notre loi organique des mines, qu'il n'y a pas lieu de compliquer par ces prescriptions de détail. Nous proposons, en conséquence, de rejeter, dans le projet de loi, toute la section II du titre III, laquelle est intitulée « *Bornage des mines* » et contient les quatre articles 37, 38, 39 et 40.

Tout ce qu'on pourrait faire, afin d'éviter des difficultés en ce qui concerne le bornage, serait de mentionner cette opération dans un paragraphe additionnel à l'article 29 de la loi, lequel s'applique à l'étendue des concessions.

Cet article 29, afin de donner d'une part, et ainsi qu'il a été dit, plus de correction au texte actuel, et pour y introduire d'autre part une disposition relative au bornage, pourrait être rédigé comme il suit :

ART. 29.

L'étendue de la concession sera déterminée par l'acte de concession ; elle sera limitée *par des plans verticaux passant par des points fixes pris à la surface du sol*, et menés de cette surface à une profondeur indéfinie.

Le bornage sera opéré conformément au cahier des charges joint à l'acte de concession, par les soins et aux frais du concessionnaire, et moyennant une indemnité au propriétaire du sol pour les dégâts ou occupations de terrains afférents au bornage, ladite indemnité étant réglée conformément à l'article 43 de la présente loi.

Quant aux difficultés incidentes pouvant se rapporter à des questions de bornage, et qu'il serait impossible de spécifier *a priori* dans la loi générale des mines, il convient, selon l'usage, de laisser à la *jurisprudence* le soin de les trancher.

TITRE IV.

Propriété des mines.

SECTION I.

CARACTÈRES DE LA PROPRIÉTÉ DE LA MINE.

L'article 41 du projet de loi contient deux paragraphes qui se rapportent à des objets bien distincts.

Le premier paragraphe qui définit la propriété de la mine, est loin de le faire avec cette ampleur magistrale des termes suivants de l'article 7 de la loi de 1810 : « Il (l'acte de con-» cession), donne la propriété perpétuelle de la mine, laquelle » est dès lors disponible et transmissible comme tous autres » biens... » Or, cette ampleur magistrale est précieuse à con-server dans notre loi organique des mines : c'est elle qui a

ART. 41.

La propriété d'une mine confère le droit d'exploiter, jusqu'à leur épuisement, tous les gîtes naturels des substances dénommées au titre d'institution, qui se trouvent à l'intérieur de la surface verticale passant par le périmètre.

Elle donne en outre le droit de disposer librement desdites substances, ainsi que des produits de même nature provenant d'anciennes mines ou de travaux de recherches situés dans le périmètre de la mine.

donné à la propriété des mines, telle qu'elle est organisée en France par la loi de 1810, cette stabilité qui a commandé la confiance aux capitaux. Conséquemment, nous ne pouvons que proposer de repousser l'article 41 du projet, et de s'en tenir, ainsi qu'il a été dit précédemment, à l'article 7 modifié selon les propositions de la sous-commission administrative, instituée au ministère des travaux publics en 1875.

L'exposé des motifs reconnaît (p. 9), que le législateur de 1810 avait posé les caractères propres de la propriété des mines « d'une façon à la fois si magistrale et si féconde. » Or, cette fécondité des résultats de la loi de 1810 tient précisément à la déclaration magistrale de l'article 7, mentionnée plus haut, et que le projet de loi supprime : n'y a-t-il point là une sorte de contradiction ? Les législateurs de 1810 n'ignoraient pas, lorsqu'ils déclaraient que la concession d'une mine de houille, donne la *propriété perpétuelle de cette mine,* qu'il viendrait un moment, dans chaque concession houillère, où la propriété de la mine périrait par épuisement, parce que la houille ne se reproduit point. Mais ces législateurs ont tenu à affirmer néanmoins que désormais les concessions des mines n'auraient pas une durée, limitée comme sous le régime de la loi de 1791 où elles étaient cinquantenaires seulement : c'est pour cela qu'ils les ont déclarées *perpétuelles,* perpétuelles jusqu'à épuisement naturel : cela va sans dire. Cette déclaration a puissamment aidé et aidera beaucoup encore, si on la maintient, comme nous le demandons, à la stabilité de la propriété des mines et à la confiance des capitaux dans l'industrie minérale. Faire autrement et supprimer ces mots de « *propriété perpétuelle,* » pour y substituer ces termes de l'article 41 du projet, « *droit d'exploiter jusqu'à épuisement,* » serait tomber dans cet écueil, que, « *parfois le mieux est l'ennemi du bien.* »

Ajoutons quelques mots encore sur ce sujet, l'un des plus

importants de la loi des mines. D'une part, au regard des droits de l'État, cette déclaration de perpétuité sera suivie, dans l'article 7 modifié, et ainsi qu'il a été dit précédemment, de restrictions concernant l'article 49 de la loi de 1810 et l'application de la loi du 17 avril 1838. D'autre part, au regard des concessionnaires, on ne pourra plus dire que cette perpétuité de la concession, proclamée dans l'article 7, leur impose la charge intolérable (au point de vue de la redevance fixe et autres servitudes) de conserver, comme une sorte de joug, une concession de mine devenue stérile par épuisement ou reconnue improductive.

La loi primitive de 1810 était muette au sujet des renonciations de concession, mais il sera facile de combler cette lacune par une disposition additionnelle à insérer dans l'article 49 de la loi de 1810, comme il sera dit ultérieurement.

Dans ces circonstances, nous ne pouvons que proposer le rejet du premier paragraphe de l'article 41 du projet.

Quant au second paragraphe, lequel concerne la faculté de disposer des produits minéraux d'anciennes exploitations situées dans le périmètre de la mine, nous estimons, ainsi qu'il a été dit précédemment, à l'occasion de l'article 22 du projet, que cette faculté, pour le concessionnaire, devrait être écrite dans un paragraphe additionnel à l'article 46 de la loi de 1810.

Nous concluons donc à repousser l'article 41 du projet tout entier.

Lorsque le concessionnaire d'une mine reconnaît que l'abatage de la substance minérale qui lui a été concédée, provoque simultanément l'abatage d'autres substances minérales concessibles, non désignées dans son acte de concession, il lui appartient de former une demande nouvelle s'appliquant à ces autres substances minérales connexes, dans le périmètre qu'il

ART. 42.

Le propriétaire de la mine peut disposer des substances rentrant dans la classe des mines qui ne seraient pas dénommées dans son titre d'institution, si, par suite de leur connexité avec celles dé-

Art. 43.

possède déjà, et le cahier des charges de la deuxième concescession concernant *les substances minérales connexes* non comprises dans la première, stipulera les prescriptions nécessaires, s'il y a lieu ; particulièrement, s'il existe des concessions superposées de substances minérales différentes, les cahiers des charges respectifs de ces concessions diverses spécifieront ce qui sera convenable, sans qu'il soit nécessaire d'insérer *a priori* dans la loi générale des mines un article nouveau tel que l'article 42 du projet.

L'article 43 du projet a pour but de combler une lacune, en ce qui concerne les substances abattues par le propriétaire de la mine et rentrant dans la classe des carrières : cette lacune n'existe pas dans la loi autrichienne du 23 mai 1854 qui contient un article spécial à ces substances (art. 124) ; elle n'existe pas non plus dans la loi prussienne du 24 juin 1865, qui contient un article à ce sujet (art. 57).

La sous-commission administrative de révision de la loi des mines, instituée en 1875, avait proposé pour parer à cet inconvénient, d'ajouter à l'article 4 de la loi de 1810 un paragraphe additionnel ainsi conçu :

« Si une substance classée comme carrière dans le présent
» article, ou assimilable par sa nature à celles qui y sont
» dénommées vient à être extraite d'une exploitation de mines
» sans être employée par le concessionnaire pour matériaux de
» construction soit dans les travaux de la mine, soit pour les
» dépendances de l'exploitation, le propriétaire aura la faculté
» de la réclamer, sauf à payer au concessionnaire une indem-
» nité, pour frais d'exploitation et d'extraction à régler par
» experts. Faute par le propriétaire de la surface d'avoir fait
» cette revendication dans le délai de six mois, ces matières
» minérales appartiendront désormais au concessionnaire. »

C'est cette rédaction du paragraphe additionnel de l'article 4, présentée par cette sous-commission, que nous proposerions de préférence à l'article 43 du projet : ajoutons que la jurisprudence, impossible à éviter en pareille matière, achèverait de fixer les usages ainsi qu'elle a commencé à le faire déjà.

Cet article 44 du projet se substituerait à l'article 19 de la loi du 21 avril 1810, lequel a dans cette loi une importance magistrale, attendu qu'il y proclame le principe de « *la mine, propriété nouvelle.* »

Or, du moment que nous proposons de maintenir le système de la loi de 1810, pour l'institution de la propriété des mines, nous ne pouvons que proposer de rejeter l'article 44 du projet et de maintenir l'article 19 de la loi actuelle comme il a été dit précédemment. Ajoutons que cet article 19, au point de vue de la solidité qu'il donne à la propriété des mines « *sur laquelle de nouvelles hypothèques pourront être assises* », a une sorte de corrélation avec l'article 7 de la loi du 21 avril 1810, lequel a, comme nous l'avons dit, une importance dominante et que nous proposons de maintenir aussi.

Les articles 45 et 46 du projet ont pour objet de remplacer les articles 8 et 9 de la loi du 21 avril 1810. Ces articles 8 et 9, complétés par la jurisprudence, suffisent, autant qu'on peut le désirer, aux besoins de tous. Or, comme il y a certains inconvénients à remanier, sans nécessité absolue, des articles de cette importance, lesquels définissent ce qui est immeuble et ce qui est meuble dans les mines, alors que ces définitions ont été données depuis longtemps dans la loi constitutive de la propriété des mines, qui est depuis 1810 le *code minier* de la France, nous ne pouvons que proposer le rejet des articles 45 et 46 du projet.

ART. 44.

Une mine constitue une propriété immobilière, distincte de celle de la surface. Elle est soumise à toutes les dispositions du droit commun concernant les immeubles par nature, en tant que ces dispositions n'ont rien de contraire à celles des lois spéciales aux mines.

ART. 45.

Sont immeubles constituant des dépendances de la mine : les puits et galeries ; les bâtiments et machines pour l'exploitation, établis à demeure par le propriétaire ; les places de dépôt et de chargement et voies de communication établies sur des terrains lui appartenant.

Sont immeubles par destination les agrès, outils, ustensiles, servant à l'exploitation, et les chevaux attachés aux travaux intérieurs.

Les dépendances immobilières de la mine, mentionnées dans les deux paragraphes précédents, ne peuvent être engagées ou saisies qu'avec la mine elle-même.

Art. 46.

Sont meubles les matières extraites et les approvisionnements.

SECTION II.

CESSION DE LA PROPRIÉTÉ DES MINES.

Art. 47.

Toute cession de la propriété d'une mine doit faire l'objet d'une déclaration au Préfet dans le délai d'un mois compté du jour de la cession.

Lorsque la cession a lieu entre vifs, soit à titre gratuit, soit à titre onéreux, la déclaration est faite par le cédant ; elle donne le nom et le domicile du cessionnaire.

Deux exceptions sont apportées à la transmission des concessions de mines : l'une, écrite à l'article 7 de la loi de 1810, interdit le partage des mines sans une autorisation du Gouvernement, donnée dans la même forme que la concession ; l'autre, écrite dans le décret-loi du 23 octobre 1852, et que nous proposons de formuler dans l'article 31 modifié de la loi de 1810, interdit les réunions de concessions de même nature sans l'autorisation du Gouvernement.

Si l'on songe d'autre part :

1° Que l'article 7 de la loi du 27 avril 1838, dont nous demandons le maintien, oblige les concessionnaires à désigner un représentant auprès de l'administration ;

2° Que l'ordonnance du 18 avril 1842 astreint ces représentants à élire un domicile administratif notifié au préfet, et qu'en *cas de transfert de la propriété* de la mine, à quelque titre que ce soit, cette obligation est imposée au nouveau propriétaire ;

On reconnaîtra qu'il semble que rien de plus ne serait à exiger des concessionnaires, sous peine de gêner la propriété des mines dans un de ses attributs importants qui est le droit de cession en bloc, ce qui serait à la fois une faute juridique et une faute économique.

A cette occasion, nous pensons qu'il est utile de reproduire intégralement, avec ses considérants, l'ordonnance du 18 avril 1842, rendue en forme de règlement d'administration publique, laquelle est conçue comme il suit:

« Louis-Philippe, etc., vu l'article 7 de la loi du 21 avril 1810,
» d'après lequel les mines, dès qu'elles sont concédées, devien-
» nent disponibles et transmissibles comme tous autres biens,
» sauf seulement le cas énoncé au second paragraphe du même
» article et relatif aux ventes par lots ou à des partages;

» Vu les dispositions de ladite loi, et celles du décret du
» 3 janvier 1813 et de la loi du 27 avril 1838, qui ont chargé
» l'administration d'une surveillance spéciale sur les mines, et
» l'appellent, en diverses circonstances, à faire des notifications
» aux concessionnaires.

» Considérant que, pour assurer l'exercice de cette surveil-
» lance, tout concessionnaire de mines doit indiquer un domi-
» cile où puissent lui être adressés les actes administratifs
» qu'il y aurait lieu de lui notifier en sa qualité de conces-
» sionnnaire;

» Qu'il en doit être de même lorsque la concession passe en
» d'autres mains, à quelque titre que ce soit;

» Que ces formalités, en même temps qu'elles sont d'ordre
» public, importent aux concessionnaires eux-mêmes, puisqu'elles
» ont pour objet de les mettre en mesure de se faire entendre,
» lorsqu'il s'agit d'appliquer à leur égard les dispositions pres-
» crites par la loi; *notre Conseil d'État entendu* :

Art. 1er.

» Tout concessionnaire de mine devra élire un domicile,
» qu'il fera connaître par une déclaration adressée au préfet
» du département où la mine est située.

Art. 2.

» En cas de transfert de la propriété de la mine, à quel-

» que titre que ce soit, l'obligation énoncée en l'article 1ᵉʳ est
» également imposée au nouveau propriétaire. »

Nous avons tenu à donner *in extenso* cette ordonnance de 1842,
par une double raison : pour démontrer tout d'abord qu'elle est
pleinement et sagement motivée, et secondement qu'elle suffit,
en cas de cession ou transfert de la propriété des mines, à
quelque titre que ce soit, à assurer efficacement la juste surveillance de l'administration sur la mine cédée, ou transférée, sans
qu'il soit nécessaire d'insérer dans la loi générale des mines
des dispositions nouvelles, telles que celles des articles 47 et
suivants du projet de loi.

Les prescriptions de l'ordonnance du 18 avril 1842, en ce
qui concerne le domicile administratif, étaient rappelées dans
les modèles de libellé des actes de concession de mines de 1843
et de 1880 : elles ne figurent plus dans le modèle de libellé
des actes de concession de mines de 1882 ; mais cette absence
du rappel de ladite ordonnance du 18 avril 1842 ne fait point
que cette ordonnance ne soit plus en vigueur.

D'autre part, comme il s'agit ici d'un point très important,
en ce qui concerne la surveillance administrative des mines,
et qu'il y a lieu d'éviter toute incertitude, nous pensons qu'il
suffirait d'ajouter à l'article 47 de la loi de 1810, lequel définit cette surveillance, un paragraphe additionnel ; ce paragraphe, qui spécifierait, pour les concessionnaires, la double nécessité de désigner, vis-à-vis de la préfecture, un représentant et
un domicile administratif, pourrait être ainsi conçu :

Les concessionnaires de mines ou explorateurs agissant isolément ou
en société devront élire dans le département du siège principal de leur
travaux, pour leur représentant autorisé, un domicile qu'ils feront
connaître, avec le nom dudit représentant autorisé, à la préfecture exer-
çant la surveillance administrative ; cette déclaration sera renouvelée
en cas de transfert de la propriété de la mine à quelque titre que ce
soit.

Dans ces conditions, nous ne pouvons que proposer le rejet de l'article 47 du projet.

SECTION III.

AMODIATION DES MINES.

Les dispositions de l'article 48 du projet, définissant l'amodiation des mines, appartiennent essentiellement au droit civil : il semble donc inutile de les insérer dans la loi générale des mines, laquelle doit se borner à poser des principes fondamentaux sur la matière, ce qui est fait aux articles 7, 8 et 9 de la loi de 1810 ; il appartient aux tribunaux de compléter le reste par la jurisprudence, en appliquant le droit civil du pays.

On pourrait penser que l'interdiction des amodiations partielles, interdiction admise en jurisprudence, résulte implicitement de l'article 7 de la loi du 21 avril 1810 et de l'article 7 de la loi du 27 avril 1838, ce dernier article étant commenté par les paroles du rapporteur à la Chambre des Pairs, M. d'Argout, dans la séance du 16 avril 1838.

Mais comme le rapporteur de la loi de 1838 reconnaissait alors que la loi de 1810 avait omis d'interdire les amodiations partielles, et qu'une occasion se présente pour réparer cette omission, nous pensons qu'il serait bon d'écrire cette interdiction dans la loi des mines révisée. Or un article nouveau est loin d'être nécessaire pour cela : il suffit d'adjoindre, à l'article 7 de la loi de 1810, un troisième paragraphe ainsi conçu :

§ 3. *Toute amodiation partielle d'une concession de mine est interdite sous peine de nullité.*

La place de cette interdiction serait d'autant plus naturelle dans l'article 7 de la loi du 21 avril 1810, qu'elle y ferait suite au 2⁰ paragraphe de cet article, qui se rapporte à l'interdiction de vendre par lots ou partager une concession.

ART. 48.

Il y a amodiation lorsque le propriétaire cède le droit d'exploiter sa mine à temps, encore que la durée n'ait pas été expressément stipulée.

L'amodiation est réputée vente mobilière.

ART. 49.

Toute amodiation partielle d'une mine est interdite à peine de nullité.

Le Préfet peut suspendre, par voie administrative, les travaux entrepris ou poursuivis contrairement à cette interdiction, sauf recours au Ministre des travaux publics et, s'il y a lieu, au Conseil d'État, par la voie contentieuse.

Quant au deuxième paragraphe de l'article 49 du projet, il est complètement inutile, en présence de l'article 8 de la loi du 27 avril 1838, lequel est ainsi conçu:

« Tout puits, toute galerie ou tout autre travail d'exploitation ouvert en contradiction aux lois ou règlements sur les mines pourront aussi être interdits dans la forme énoncée dans l'article précédent (1) ».

On objectera peut-être que l'article 151 du projet de loi abroge la loi du 27 avril 1838 : mais il y a lieu de répondre, pour la question présente, que la loi du 27 avril 1838, qui est entrée dans nos mœurs depuis longtemps, contenant un article aussi efficace que l'article 8, pour assurer une juste surveillance administrative sur les mines; ce n'est pas le cas d'en demander l'abrogation en ce qui concerne l'interdiction des amodiations partielles.

D'autre part, et d'une manière générale, nous dirons que la tâche est assez grande, pour les législateurs, de réviser, en l'améliorant la loi du 21 avril 1810 sans vouloir *a priori* abroger toutes les lois concernant les mines, y compris la loi du 27 avril 1838, à moins qu'on ne veuille, *a priori*, tout ébranler, tout remettre en question et tout détruire en fait de législation des mines, ce qui ne paraîtrait pas sage, à l'époque actuelle.

Art. 50.

Le propriétaire qui amodie sa mine, est tenu de faire à la préfecture, dans le délai d'un mois, une déclaration faisant connaître le nom et le domicile de l'amodiataire, ainsi que la durée pour laquelle l'amodiation est consentie.

Une pareille obligation incombe à l'amodiataire qui cède son droit à un tiers.

L'article 50 du projet de loi semble complètement inutile, comme l'article 47 du même projet; d'une part, l'ordonnance du 18 avril 1842 oblige tout concessionnaire de mines, « *en cas de transfert de la propriété de la mine, à quelque titre que ce soit* » (ce qui comprend évidemment l'amodiation) à élire un domicile qu'il doit faire connaître par une déclaration adressée au préfet.»

_____

(1) C'est-à-dire « par un arrêté du préfet sauf recours au ministre et, s'il y a lieu, au Conseil d'État par la voie contentieuse ».

D'autre part, nous avons proposé d'adjoindre à l'article 47 de la loi de 1810, un paragraphe additionnel, qui reproduit l'obligation formulée par l'ordonnance du 18 avril 1842 : nous ne pouvons donc que nous reporter à ce qui a été dit précédemment au sujet de l'article 47 du projet.

L'article 51 contient des prescriptions dont on ne peut méconnaître la sagesse, mais qui sont essentiellement de droit civil, et qu'il ne semble pas opportun d'insérer dans la loi générale des mines. Le droit commun, le droit civil du pays, et les conventions des parties jugées par les tribunaux semblent appelés à trancher les questions mentionnées en cet article.

Art. 51.

En fin de bail, l'amodiataire est tenu de laisser en bon état d'entretien les puits, galeries, bâtiments et machines établis à demeure, en un mot toutes les installations qui seraient reconnues nécessaires pour assurer la continuité de l'exploitation ou dont l'enlèvement ne pourrait avoir lieu sans préjudice pour la mine.

Il y aura lieu à indemnité de la part du propriétaire en faveur de l'amodiataire pour toutes les installations laissées par ce dernier, qui constitueront une amélioration en vue de l'exploitation future, sauf stipulations contraires entre les parties.

Les dispositions nombreuses de l'article 52 sont de droit commun, et sont assez généralement admises par la jurisprudence : il semble inutile de les écrire dans la loi générale des mines.

Art. 52.

En cas d'amodiation d'une mine, le propriétaire reste responsable, tant envers les tiers qu'envers l'État, des obligations résultant des lois et règlements sur les mines; il conserve son recours en garantie contre l'amodiataire.

SECTION IV.

PARTAGE DES MINES.

La défense de vendre par lots ou partager une concession de mine étant déjà écrite dans l'article 7 de la loi du 21 avril 1810, à une meilleure place, c'est-à-dire comme restriction

Art. 53.

Une mine ne peut, à peine de nullité de toutes dispositions contraires, être vendue par lots ou partagée sans le consentement des créanciers hypothécaires et privilégiés, et sans l'autorisation préalable du Gouvernement donnée par décret délibéré en Conseil d'État à la suite d'une enquête faite dans les formes prévues par les articles 23 à 27.

exceptionnelle du droit de transmission de la propriété des mines, si magistralement et si utilement proclamé à l'article 7 de la loi du 21 avril 1810 qu'on propose de conserver, sauf les notifications ci-avant spécifiées, l'article 53 du projet devient inutile.

Le consentement des créanciers hypothécaires n'a rien à faire à la défense formulée dans l'intérêt public, de partager la concession de mine sans l'autorisation du Gouvernement; nous estimons donc qu'il y a pas lieu de mentionner, en ce qui concerne cette prohibition de partage dans un intérêt d'ordre public, le consentement des créanciers hypothécaires; si une demande de partage vient à être formée, les créanciers hypothécaires y feront, pendant les publications et affiches, telles oppositions qu'ils jugeront convenables, et la juridiction compétente décidera.

SECTION V.

RÉUNION DES MINES.

Art. 54.

Plusieurs mines de même nature ne peuvent être réunies par association ou acquisition, ou de toute autre manière, qu'en vertu d'un décret délibéré en Conseil d'État, à la suite d'une enquête faite dans les formes prévues par les articles 23 à 27, le tout, à peine de nullité de tous actes de réunion opérés en opposition à la présente disposition et de la déchéance éventuelle de la propriété des mines indûment réunies.

Toutefois cette disposition ne préjudicie pas aux droits reconnus par le titre III, à l'inventeur de se faire attribuer

La réunion de plusieurs concessions de mines de même nature entre les mêmes mains est en contradiction, il faut le reconnaître, avec l'esprit général de la loi de 1810 et particulièrement avec le principe même de l'institution de la propriété des mines, tel qu'il est organisé par cette loi. En effet, l'article 29 donne le droit au gouvernement de régler comme il l'entend, au mieux de l'intérêt général, l'étendue des concessions de mines, en instituant des concessions assez étendues, d'une part pour qu'elles soient viables, et non pas trop vastes, d'autre part, de manière à constituer des monopoles et étouffer la concurrence.

Or, nous devons rappeler que nous avons déjà exposé que nous proposions de modifier profondément l'article 31 de la loi de 1810, lequel formerait désormais trois paragraphes, dont les deux premiers seraient conçus comme il suit :

Art. 31.

Les concessions de mines de même nature ne pourront, à peine de nullité de leurs actes de réunion, être réunies entre les mains du même concessionnaire par association, par acquisition ou de toute autre manière, sans une autorisation préalable du gouvernement demandée et obtenue dans les mêmes formes que les concessions.

§ 2. — *Les concessions de mines de même nature régulièrement réunies entre les mains d'un même concessionnaire conserveront leur individualité, en ce qui touche les obligations diverses des concessionnaires, particulièrement celles qui concernent l'activité de l'exploitation dans chacune d'elles.*

Ces deux paragraphes de l'article 31 révisé rendent complètement inutiles les 1er et 3e paragraphes de l'article 54 du projet, alors surtout que dans l'article 7 révisé de la loi de 1810, lequel renvoie à l'article 31, nous mentionnons la prescription relative aux réunions de concession comme une restriction exceptionnelle au droit de transmission solennellement affirmé par ledit article 7.

Nous devons faire observer que dans notre rédaction proposée pour le premier paragraphe de l'article 31 révisé de la loi de 1810, nous nous bornons à dire : « Les concessions de mines de même nature, ne pourront, *à peine de nullité de tous actes de réunion*, être réunies entre les mains du même concessionnaire, etc. »; nous n'y ajoutons pas la prescription suivante écrite au premier paragraphe de l'article 54 du projet *et (à peine de la déchéance éventuelle de la propriété des mines indûment réunies »*. De même que l'article 7 de la loi de 1810 défend, sans menace de déchéance, qu'une mine soit vendue par lots ou partagée sans une autorisation préalable du gouvernement donnée

la mine à laquelle son invention lui donne droit.

En tout cas, chacune des mines réunies reste soumise individuellement aux prescriptions de la présente loi.

Art. 55.

Le propriétaire de plusieurs mines contiguës disposées de manière à pouvoir être comprises dans un même périmètre, peut les réunir en un seul, s'il y est autorisé par un décret délibéré en Conseil d'État, à la suite d'une enquête faite dans les formes prévues par les articles 23 à 27.

S'il y a des créanciers hypothécaires ou privilégiés sur plusieurs des mines à réunir, le demandeur devra justifier de leur consentement en produisant l'acte authentique par lequel aura été réglé le rang des créances, qui devront toutes désormais porter sur la nouvelle mine.

dans les mêmes formes que la concession, de même aussi, la loi générale des mines doit défendre sans menace de déchéance les réunions illicites de concessions. La nullité des actes de réunion dans un cas, comme la nullité des actes de partage dans l'autre, sont, ce semble, les seules peines à stipuler dans la loi des mines. Agir autrement et y joindre, comme fait le paragraphe premier de l'article 54 du projet et comme avait fait l'article 2 du décret du 23 octobre 1852, la possibilité de prononcer la déchéance, c'est multiplier outre mesure les cas de retrait de la propriété des mines, et par suite, ébranler sans motif la stabilité de cette nature de propriété.

Nous proposons donc de rejeter la disposition du premier paragraphe de l'article 54 du projet relative à la déchéance, comme nous proposerons plus tard, dans une disposition finale, d'abroger l'article 2 du décret du 23 octobre 1852, en ce qui concerne la menace de retrait de concession portée audit article.

Disons enfin, sur l'article 54 du projet, que le deuxième paragraphe de cet article se rapportant spécialement au principe de l'attribution obligatoire de la propriété de la mine à l'inventeur, principe que nous avons précédemment combattu, nous ne pouvons que rejeter le deuxième paragraphe dudit article 54 et, partant, l'article 54 tout entier.

Quant à l'article 55 du projet de loi, il prévoit la fusion en une seule de plusieurs mines contiguës appartenant au même propriétaire, ce qui est autre chose que la réunion de plusieurs mines de même nature entre les mêmes mains.

Cette faculté d'obtenir la fusion en une seule de plusieurs concessions de mines contiguës peut offrir, en certaines circonstances, des avantages techniques et économiques à l'exploitation des mines. Le rapporteur au Conseil général des mines avait proposé en 1876 de l'écrire dans l'article 31 de la loi de 1810, modifié en conséquence; nous proposons, ainsi qu'il a été dit précédemment, de formuler cette faculté dans un troisième paragraphe de l'article 31 revisé, lequel serait conçu dans la forme suivante. imitée du premier paragraphe de l'article 55 du projet.

§ 3. — *Toutefois le propriétaire de plusieurs concessions de mines de même nature contiguës et disposées de manière à pouvoir être comprises dans un même périmètre, peut être autorisé à les réunir en une seule, l'autorisation devant être demandée et obtenue dans les mêmes formes que la concession.*

Quant au deuxième paragraphe de l'article 55 du projet, nous croyons inutile de l'insérer dans la loi des mines. Les créanciers hypothécaires ou privilégiés seront dûment avertis par les publications et affiches de la demande en fusion de concessions contiguës, et il leur appartiendra de faire devant les autorités compétentes telles oppositions que de droit.

SECTION VI.

RENONCIATION A LA PROPRIÉTÉ DES MINES.

En ce qui concerne les *renonciations* à des concessions de mines, le modèle des clauses à insérer dans les décrets de concession de mines de 1882 (1) contient les dispositions suivantes qui se trouvaient déjà écrites. sauf quelques détails de rédaction, dans le modèle de 1843 (2) :

ART. F.

« Si le... concessionnaire... veu... renoncer à la totalité » ou à une partie de la concession, il... s'adresser... par

---

,1) Voir *Annales des Mines*, 8ᵉ série, Lois et décrets, 1882, p. 274.

(2) *Annales des Mines*, 4ᵉ série, tome IV, p. 832.

ART. 56.

Tout propriétaire peut renoncer à la propriété de la mine s'il n'y a pas de créanciers hypothécaires ou privilégiés, ou si tous ces créanciers consentent à la renonciation.

Ceux desdits créanciers qui ne consentiraient pas à la renonciation, peuvent, pendant deux mois à dater de la signification de la demande qui devra leur être faite par le propriétaire, provoquer à leurs frais la vente judiciaire de la mine et de ses dépendances; le prix en sera distribué judiciairement entre eux, et le solde remis au propriétaire.

Si le propriétaire justifie que la vente judiciaire n'a pas été provoquée dans le délai prescrit ou qu'elle n'a pas abouti, et qu'il a exécuté les travaux à lui ordonnés par le Préfet, pour assurer la sécurité après l'abandon, la renonciation est acceptée par décret délibéré en Conseil d'État à la suite d'une enquête faite dans les formes prévues aux articles 23 à 27.

Jusqu'à ce que la renonciation ait été définitivement prononcée, le propriétaire reste astreint à toutes les prescriptions des lois et règlements sur les mines.

ART. 57.

La mine dont la renonciation a été régulièrement prononcée, redevient libre, comme si la propriété n'en avait jamais été instituée.

Le renonçant ne conserve plus aucun droit à raison des puits et galeries, et généralement de tous les travaux ou installations faits à l'intérieur.

Il conserve la propriété des terrains de surface, ainsi que des bâtiments et installations, et généralement de toutes les dépendances immobilières de la surface, lesquels à partir du décret de renonciation seront réputés détachés de la propriété de la mine.

Il reste personnellement responsable, jusqu'à prescription acquise, de tous les dommages qui seraient reconnus provenir de l'exploitation de la mine, à moins qu'elle ne soit dans l'intervalle redevenue la propriété d'un tiers.

» voie de pétition au préfet, six mois au moins avant l'épo-
» que à laquelle il... aura... l'intention d'abandonner les
» travaux de... mines et il... joindr... à ladite pétition :

» 1° Le plan et l'état descriptif des exploitations ;

» 2° Un certificat du conservateur des hypothèques, constatant
» qu'il n'existe point d'inscriptions hypothécaires sur la con-
» cession, ou, dans le cas contraire, un état de celles qui
» pourraient avoir été prises, en y joignant la mainlevée de
» ces inscriptions, au moins pour la portion du gîte à laquelle
» il... entend... renoncer.

» Lorsque ces pièces auront été fournies, la pétition sera
» publiée et affichée pendant deux mois, dans les lieux et
» suivant les formes déterminées par les articles 23 et 24 de
» la loi du 21 avril 1810, modifiée par la loi du 27 juillet
» 1880, pour les demandes de concession de mines.

» Les oppositions, s'il s'en présente, seront reçues et noti-
» fiées dans les formes déterminées par l'article 26 de la même
» loi.

» La renonciation ne sera valable que lorsqu'elle aura été
» acceptée, s'il y a lieu, par un décret délibéré en Conseil
» d'État. »

Les dispositions ci-dessus, qui sont généralement écrites dans les actes de concession, paraissent fort sages, et rien ne semblerait devoir y être ajouté : obligent-elles les concessionnaires, alors qu'elles sont écrites dans l'acte de concession? La chose ne semble pas douteuse, en présence de l'article 5 de la loi du 21 avril 1810, lequel porte que « *les mines ne peuvent* » *être exploitées qu'en vertu d'un acte de concession délibéré en Con-* » *seil d'État* », ce qui tend à faire penser que toutes les clauses de cet acte sont obligatoires, aussi bien que celles du cahier des charges y annexé, comme la jurisprudence du Conseil d'État l'a établi dans un arrêt du 8 novembre 1850 *(Veyras)*.

Néanmoins, en raison de ce que tous les actes de concession

de mines peuvent ne pas porter les prescriptions susmentionnées, et pour éviter toute incertitude, il conviendrait d'insérer
dans la loi des mines une disposition s'y rapportant.

Deux articles aussi étendus que les articles 56 et 57 du
projet de loi ne sont pas nécessaires à cet effet; il suffisait,
en ce qui concerne la renonciation de concession, d'un paragraphe additionnel à l'article 49, lequel pourrait être ainsi
conçu :

§ 2. *En cas d'abandon total des travaux, le concessionnaire pourra
former une demande en renonciation de concession, qui sera instruite
dans les formes des demandes en concession. La demande en renonciation
devra être accompagnée d'un certificat du conservateur des hypothèques
constatant qu'il n'y a pas d'hypothèques sur la concession, ou bien qu'il
a été donné mainlevée. Le décret acceptant la renonciation de concession
spécifiera les mesures à prendre pour assurer la sécurité, et définira
les effets de la renonciation ainsi que la responsabilité de l'ancien
concessionnaire vis-à-vis des tiers.*

Telles sont les prescriptions qu'il semblerait utile d'insérer
dans la loi, et sans entrer dans d'autres développements : d'une
part, en ce qui concerne les détails contenus à l'article 56 du
projet, on peut dire que le régime du droit commun affirmé
pour les mines, « *comme pour les autres propriétés* », par l'article 7
de la loi de 1810 et par les articles 19, 20 et 21 de la même loi,
suffira pour que les créanciers hypothécaires ou privilégiés
puissent poursuivre l'expropriation, « *conformément aux règles du
code civil et du code de procédure civile* », sans qu'il y ait rien à spécifier à cet égard dans la loi des mines : ajoutons qu'il appartiendra au concessionnaire qui veut obtenir la renonciation de
faire le nécessaire, à son point de vue, pour obtenir des créanciers hypothécaires la mainlevée spécifiée par le paragraphe
additionnel susmentionné de l'article 49 de la loi de 1810.

En ce qui concerne les détails portés à l'article 57, au

sujet de la définition de la renonciation et de ses effets vis-à-vis des tiers, il suffit que le principe en soit posé dans la loi, comme la chose est faite dans le paragraphe additionnel de l'article 49 énoncé tout à l'heure, lequel renvoie au décret de renonciation, sauf à régler les détails en chaque cas dans le libellé dudit décret de renonciation. Il semble qu'en agissant de la sorte, on maintient mieux la loi des mines dans le *domaine des principes généraux*, ce qui doit être, en laissant aux décrets de renonciation de concession le soin de régler *les détails*, qui pourront varier, et qui varieront certainement suivant les circonstances diverses. Agir autrement et vouloir régler des détails pareils dans une loi organique des mines, ce serait s'exposer à une *revision en permanence* de cette loi organique, chose essentiellement contraire aux intérêts généraux de l'exploitation des mines, et, par suite, aux intérêts généraux du pays.

SECTION VII.

CARACTÈRE DE L'EXPLOITATION DES MINES.

Art. 58.

L'exploitation des mines n'est pas considérée comme un commerce.
Il est de même de leur recherche.

L'article 32 de la loi actuelle dit :

« L'exploitation des mines n'est pas considérée comme un » commerce et n'est pas sujette à patente. »

Nous croyons devoir demander que ces mots « et n'est pas sujette à patente » soient maintenus : c'est dans le juste et équitable intérêt des exploitants de mines qu'on doit demander ce maintien, alors qu'ils sont soumis d'autre part, dans le projet de loi proposé, comme de par la loi de 1810, à un double impôt spécial, celui de la redevance fixe, et celui de la redevance proportionnelle.

Quant à la disposition écrite au deuxième paragraphe de l'article 58 du projet, qui porte que la recherche des mines n'est pas considérée comme un commerce, c'est une bonne chose à spécifier, et nous proposons de l'écrire dans un paragraphe additionnel à l'article 32 de la loi, lequel serait désormais ainsi conçu :

Art. 32.

L'exploitation des mines n'est pas considérée comme un commerce et n'est pas sujette à patente.

Il en est de même de leur recherche.

Les recherches de mines seraient ainsi explicitement dispensées de la patente, ce qui ne peut qu'aider à encourager cette industrie, au mieux de l'intérêt général.

SECTION VIII.

COPROPRIÉTÉ DE MINES ET SOCIÉTÉS DE MINES.

Les articles 59 à 65 du projet de loi contiennent une série de prescriptions détaillées concernant la copropriété des mines et les sociétés de mines. Si ces dispositions devaient trouver place dans la loi des mines, on pourrait les insérer en paragraphes additionnels à l'article 8 de la loi de 1810, à la suite du cinquième paragraphe de cet article, lequel mentionne les actions ou intérêts dans une société de mines.

Mais la chose est-elle nécessaire ? Alors que les demandeurs en concession, comme les exploitants de mines, peuvent librement s'associer, en prenant toutes les formes de sociétés prévues par nos lois, c'est le régime *du droit commun* qui s'applique aux sociétés de mines, comme aux autres sociétés. En conséquence, nous estimons que les dispositions spécifiées aux articles 59 à 65 du projet ne doivent pas figurer dans la loi générale des mines.

Terminons en observant qu'il a été déjà donné satisfaction

Art. 59.

Si une mine appartient à plusieurs personnes ou à une société régulièrement constituée, la part de chaque associé dans l'entreprise est réputée mobilière.

L'associé peut toujours céder librement sa part.

Art. 60.

A défaut d'un acte de société régulièrement passé, les relations, entre elles ou avec les tiers, de plusieurs personnes copropriétaires d'une mine, seront soumises aux règles du code civil sur le contrat de société, sauf les modifications résultant de la présente loi.

Art. 61.

L'association ou la société sera réputée constituer une

personne morale pour tous les actes relatifs à la propriété et à l'exploitation de la mine.

ART. 62.

Dans le cas même où la durée de l'association n'aurait pas été stipulée, l'associé ne pourra pas provoquer la licitation.

L'association ou la société continue, à moins de stipulations contraires, nonobstant la mort, l'interdiction ou la déconfiture de l'un des associés.

Toutefois les tribunaux pourront toujours, sur la requête de l'un des associés, ordonner, s'ils le jugent utile, la licitation de la mine.

ART. 63.

Toute association ou société doit désigner, par une déclaration authentique à la Préfecture, la personne chargée de la représenter vis-à-vis tant de l'administration que des tiers.

A défaut par les associés de pouvoir s'entendre sur le choix de leur représentant, il sera désigné par l'autorité judiciaire à la requête de l'associé le plus diligent.

Le Préfet pourra suspendre par voie administrative, l'exploitation de toute mine pour laquelle il n'aurait pas été satisfait aux dispositions du présent article.

ART. 64.

Toute société qui se constitue par actions sera soumise aux .ois sur les sociétés par actions.

ART. 65.

Les règles du présent titre sur les associations ou sociétés s'appliquent à celles formées pour l'exploitation d'une mine amodiée ou pour la recherche des mines.

à cette disposition de l'article 63 qui oblige les sociétés de mines à désigner à la Préfecture leur représentant : nous avons proposé d'insérer à cet égard un paragraphe additionnel à l'article 47 de la loi de 1810, dont nous avons donné le texte à l'occasion de l'article 47 du projet de loi.

SECTION IX.

DOMICILE DES EXPLOITANTS DE MINES.

Grâce au paragraphe additionnel à l'article 47 de la loi de 1810, spécifiant pour les concessionnaires de mines la double obligation de désigner, vis-à-vis de la Préfecture, un représentant et un domicile administratif, l'article 66 du projet deviendrait désormais inutile.

TITRE V.

Relations entre l'exploitant de mine et les propriétaires de la surface.

L'article 67 du projet substitue les mots « *bâtiments de la surface* » à celui de « *habitations* » qui se trouve dans l'article 11 revisé de la loi de 1810, et à ceux de « *maisons ou lieux d'habitation* » qui se trouvent dans l'article 15 de la même loi. Or, pourquoi faire une substitution de mots qui n'aurait d'autre effet que d'aggraver, sans motif plausible, une servitude déjà gênante ? Mieux vaut donc conserver l'article 11 revisé et l'article 15 actuel de la loi du 21 avril 1810 avec leur jurisprudence.

En ce qui concerne la caution stipulée par le deuxième paragraphe de l'article 67 du projet, il pourra arriver en raison de la distance de 50 mètres, mentionnée, non point dans ce paragraphe même, mais dans le premier paragraphe du même article, que le dépôt d'une caution soit demandé par tous les propriétaires de bâtiments de la surface, dès qu'une excavation souterraine sera ouverte ou poursuivie à 50 mètres de distance desdits bâtiments. Des difficultés ne sont-elles pas à craindre

Art. 66.

Tout exploitant ou explorateur de mines doit élire dans le département du siège principal de l'exploitation, un domicile qu'il fait connaître par une déclaration à la Préfecture.

Une pareille obligation incombe au représentant de toute association ou société.

Art. 67.

Aucune excavation souterraine ne peut être ouverte ou poursuivie à une distance horizontale de moins de 50 mètres des bâtiments de la surface, sans que l'exploitant de la mine en ait donné avis un mois à l'avance au Préfet et aux propriétaires.

Le propriétaire ou l'occupant des bâtiments pourra toujours demander aux tribunaux que l'exploitant donne caution de payer le dommage éventuel desdits bâtiments.

à cet égard? Dans l'état actuel des choses, l'article 15 limite la caution « *au cas de travaux à faire sous des maisons ou lieux d'habitation, sous d'autres exploitations ou dans leur voisinage immédiat.* » La distance de 50 mètres écrite au premier paragraphe de l'article 67 du projet peut sembler bien grande, si on l'applique à la caution en cas de travaux souterrains à une grande profondeur; elle pourra devenir plus gênante, dans la pratique des choses, que la distance moins précise, résultant de l'application usuelle de l'article 15 de la loi de 1810, et laissée à l'appréciation du juge.

Par tous ces motifs, nous proposons de conserver l'article 15 comme l'article 11 revisé de la loi de 1810, et de rejeter l'article 67 du projet de loi.

ART. 68.

Le propriétaire d'une mine est tenu de réparer tous les dommages occasionnés à la surface par des travaux d'exploitation exécutés dans ladite mine ou ses dépendances, sauf son recours, s'il y a lieu, contre l'auteur desdits travaux.

Toutefois, toute action en indemnité sera prescrite trois ans après l'apparition du dommage à la surface.

Le montant de l'indemnité sera fixé conformément au droit commun.

L'article 68 du projet se substitue au paragraphe 7 de l'article 43 de la loi du 21 avril 1810, revisé par la loi du 27 juillet 1880, lequel est ainsi conçu :

« § 7. Les dispositions des §§ 2 et 3 relatives au mode de » calcul de l'indemnité due aux cas d'occupation ou d'acqui- » sition des terrains ne sont pas applicables aux autres dom- » mages causés à la propriété par les travaux de recherche ou » d'exploitation des mines : la réparation de ces dommages reste » soumise au droit commun. »

Cette disposition de l'article 43 de la loi actuelle des mines pose en principe, d'une part, que l'indemnité est due pour les dommages autres que les dégâts d'occupation, causés à la propriété par les travaux de recherche ou d'exploitation des mines, et, d'autre part, que le règlement de ces indemnités pour dommages, autres que ceux d'occupation, doit se faire conformément au droit commun, c'est-à-dire, sur le pied du simple droit, alors que les dégâts d'occupation sont réglés sur le pied du double droit. Or, autant vaut conserver le paragraphe 7 de l'article 43 revisé à une date assez récente

(27 juillet 1880) que lui substituer le 1ᵉʳ et le 3ᵉ paragraphes de l'article 68 du projet, qui se rapportent au même objet.

Enfin le 2ᵉ paragraphe de l'article 68, limitant au chiffre précis de *trois années* le laps de temps après lequel toute action en indemnité sera prescrite après l'apparition du dommage à la surface, nous paraît être dur pour le propriétaire du sol, et devoir offrir dans la pratique de grandes difficultés et beaucoup d'occasions de conflits irritants, entre le propriétaire superficiaire et le concessionnaire. Mieux vaut, ce semble, s'en tenir à l'état de choses actuel, en laissant à la sagesse des tribunaux et à leur jurisprudence le soin de trancher cette question ardue, *et difficile* à traiter *a priori*.

L'article 69 du projet comble, il faut le dire, une lacune regrettable de l'article 43 de la loi de 1810, révisé par la loi du 27 juillet 1880 : il a pour but de faire disparaître, ou tout au moins de combattre la spéculation des constructions entreprises au voisinage des mines sur des terrains qu'on sait être fissurés, spéculation aussi dommageable à l'exploitation des mines qu'elle est contraire à l'équité.

Nous proposerions donc d'écrire l'article 69 du projet dans l'article 43 révisé de la loi de 1810, comme huitième paragraphe dudit article 43.

L'article 70 du projet, composé de 5 paragraphes, est relatif aux questions traitées par l'article 43 révisé de la loi de 1810, dans ses paragraphes 1, 2, 3, 4, 5 et 6, et par le paragraphe 1ᵉʳ de l'article 44 révisé. La rédaction de cet article est-elle préférable, dans l'intérêt de tous, à celle des paragraphes précités des articles 43 et 44 révisés? La question est fort douteuse : et, dans ce doute, en considération de ce que cette révision faite par la loi du 27 juillet 1880, des articles 43 et 44 est de date relativement récente, on serait tenté de repous-

ART. 69.

Lorsqu'une construction est établie à la surface malgré l'avertissement de l'exploitant de la mine, le tribunal pourra déclarer : 1° que l'exploitant n'est pas responsable des dommages résultant des travaux souterrains existant à ce moment sous la construction ou dans son voisinage immédiat; 2° qu'il est redevable seulement d'une indemnité correspondante au préjudice causé par l'interdiction de bâtir.

ART. 70.

L'exploitant d'une mine peut occuper, avec l'autorisation du Préfet, après paiement ou consignation d'une indemnité de dépossession au propriétaire de la surface, les terrains situés à l'intérieur ou à l'extérieur du périmètre, nécessaires : soit à l'exploitation de la mine, soit à la préparation mécanique des minerais et au lavage des combustibles, notamment pour tranchées, puits, sondages, galeries, places de dépôt et de chargement, prises de remblais, machines, magasins et ateliers, rigoles et conduites pour amener, évacuer ou recueillir des eaux.

En demandant l'autorisation, l'exploitant devra justifier que signification a été faite par lui aux propriétaires intéressés, qui auront un délai d'un mois, à partir de cette signification, pour produire leurs observations sur le projet que l'exploitant aura à déposer à la mairie de la commune.

Si l'occupation des terrains dure moins d'une année, l'indemnité de dépossession sera réglée au double du revenu net qu'aurait produit le sol occupé.

Si l'occupation dure plus d'une année, le propriétaire de la surface peut, à toute époque, opter entre cette indemnité annuelle du double du revenu net et l'acquisition des terrains par l'exploitant au double de la valeur, au moment de l'acquisition, du sol supposé dans son état primitif.

Le propriétaire peut également, sur les mêmes bases d'évaluation, requérir l'acquisition du terrain qui, occupé moins d'une année, ne peut être mis en culture, comme il l'était auparavant.

ser l'article 70 du projet, et de s'en tenir aux articles 43 et 44 révisés de la loi de 1810.

Néanmoins, si l'on voulait trancher, dans la loi même, une question laissée jusqu'à présent aux soins de la jurisprudence, il faudrait réviser comme il suit le 1er paragraphe de l'article 43 :

« Le concessionnaire peut être autorisé par arrêté préfecto-
» ral, pris après que les propriétaires auront été mis à même
» de présenter leurs observations, à occuper dans le périmètre
» de sa concession les terrains nécessaires à l'exploitation de
» sa mine, à la préparation mécanique des combustibles, à
» l'établissement des routes ou à celui des chemins de fer ne
» modifiant pas le relief du sol : *l'occupation aura lieu, ensuite*
» *de l'arrêté préfectoral, aussitôt après paiement ou consignation d'une*
» *indemnité de dépossession au propriétaire de la surface.* »

Mais la chose est-elle véritablement nécessaire? Nous ne le croyons pas.

Nous avons proposé tout à l'heure l'adjonction d'un paragraphe additionnel à l'article 43 révisé en ce qui touche les constructions de bâtiments sur des terrains entièrement ébranlés par les mines, parce qu'il s'agissait d'une question touchant à *l'honnêteté publique* et à des intérêts graves de l'exploitation des mines en général. Mais ici, en ce qui concerne l'indemnité préalable, la question n'a plus le même intérêt pratique, et l'on peut, ce semble, laisser à la jurisprudence le soin de la trancher.

L'article 70 du projet fait une énumération détaillée des différents travaux pour lesquels, l'occupation de terrains pourra être accordée par arrêté préfectoral, savoir : tranchées, puits, sondages, galeries, places de dépôt et de chargement, prises de remblais, machines, magasins, ateliers et rigoles ; de son côté, le § 1er de l'article 43 révisé se borne à dire d'une manière générale : « les terrains nécessaires à l'exploitation de la
» mine, à la préparation mécanique des minerais, au lavage

» des combustibles, à l'établissement des routes ou à celui des
» chemins de fer ne modifiant pas le relief du sol. » Mais
cette énumération spécifiée à l'article 70 du projet est-elle
bien nécessaire, et l'article 43 révisé de la loi de 1810 n'attri-
bue-t-il pas implicitement, mais réellement, tout pouvoir au
préfet pour décider, sur l'avis des Ingénieurs des mines, si
une œuvre (tranchée, puits, etc., etc.) *est une dépendance né-*
cessaire de l'exploitation des mines, de la préparation mécanique des
minerais et du lavage des combustibles ? L'affirmative ne saurait
être douteuse, et dans cet ordre d'idées, l'énumération spécifiée à l'article 70 du projet, par là même qu'elle est assez
détaillée, pourrait être regardée comme *limitative,* et il semble
prudent de la repousser.

Mais il est une autre objection très grave que nous croyons
devoir faire à la rédaction du premier paragraphe de l'article 70 du projet, c'est à l'occasion de ces mots : « *les terrains*
situés à l'intérieur ou à l'extérieur du périmètre. »

Dans l'état actuel des choses, et en laissant de côté les voies
de communication, les *seuls travaux de secours* pour lesquels
l'article 43 révisé de la loi de 1810 permette à un concessionnaire *l'occupation exceptionnelle de terrains en dehors de son péri-*
mètre, sont « *les puits ou galeries destinés à faciliter l'aérage et l'é-*
coulement des eaux ».

En limitant ainsi la nature des travaux de secours à ces
deux catégories d'ouvrages pour lesquelles l'emplacement de
l'orifice d'aérage et celui de l'orifice d'écoulement sont obliga-
toirement fixés par les dispositions des lieux, soit en dedans,
soit en dehors du périmètre, le législateur de 1880, qui a modifié en ce sens l'article 44 de la loi de 1810, a très sagement
agi.

Mais comment comprendre qu'un concessionnaire puisse être
autorisé à occuper par arrêté préfectoral, dans le périmètre
d'une concession limitrophe, les terrains nécessaires à des

places de dépôt et de chargement, prises de remblai, machines, maga-
sins, ateliers, etc.?

Ce serait bénévolement et *a priori* organiser une *guerre inces-*
sante entre tous les concessionnaires de mines limitrophes, alors
qu'il existe déjà bien assez de causes de conflits, sans qu'il
faille en créer de nouvelles.

Il arrivera très certainement que lorsque le concessionnaire A
demandera à occuper, dans le périmètre du concessionnaire voisin B, des terrains pour *places de dépôt et de chargement, prises de*
remblais, machines, magasins et ateliers, le concessionnaire B
demandera à occuper les mêmes terrains *dans son propre péri-*
mètre pour les mêmes œuvres ou pour d'autres se rattachant à
l'exploitation des mines: que fera alors le préfet? Pour quel
motif devra-t-il donner la préférence à l'un des concessionnaires
plutôt qu'à l'autre? Ne risque-t-on pas de faire intervenir ici
des motifs politiques? Il faut donc le reconnaître sincèrement :
cette disqosition de l'article 70 du projet organiserait une guerre
perpétuelle entre les exploitants de mines voisines, et impo-
serait à l'Administration préfectorale une tâche impossible à
remplir avec équité.

Ce que l'exposé des motifs ne dit pas, c'est que cette dernière
innovation a pour but indirect de remédier à ce que dans le
principe de l'attribution de la propriété à l'inventeur, qui est
celui de la loi nouvelle, on est conduit à n'avoir que des périmètres très petits, pour la propriété des mines (800 hectares
pour les mines de combustibles, ainsi qu'il est dit à l'article 36
du projet) ; mais ce qu'il faut remarquer, c'est que l'expédient auquel
on est ainsi amené forcément, démontre, par les inconvénients
mêmes qui en sont la suite nécessaire et qui viennent d'être
mis en évidence, que *le principe de l'attribution de la propriété à*
l'inventeur est une chose mauvaise pour la bonne exploitation des gîtes mi-
néraux. Il n'assure pas à chaque propriétaire de mine un champ
d'exploitation suffisant, comme fait le système de la loi de 1810;

sans doute, quand un conseil, composé d'hommes compétents, comme l'éminent Conseil général des mines, propose d'instituer un périmètre de concession d'une forme et d'une étendue déterminées, il ne considère pas seulement le cube de la substance minérale contenue dans le périmètre à concéder ; il considère aussi les nécessités techniques et pratiques de l'exploitation dudit périmètre, et il règle, en conséquence, la forme et la superficie de celui-ci. Or, c'est là une chose excellente : conservons donc, en ces matières, le précieux et utile concours du Conseil général des mines et, pour cela, maintenons le principe d'institution de la propriété des mines, tel qu'il est organisé par la loi du 21 avril 1810.

C'est ainsi que la discussion de l'article 70 du projet ne fait que nous fournir des motifs nouveaux pour le maintien, dans son principe le plus important, de la législation de 1810.

Le premier paragraphe de l'article 11 actuel de la loi du 21 avril 1810, révisé par la loi du 27 juillet 1880, dit au sujet de la prohibition intérieure :

« Nulle permission de recherches, ni concession de mine » ne pourra, sans le consentement du propriétaire de la surface, » donner le droit de faire des sondages, d'ouvrir des puits et » galeries, ni d'établir des machines, ateliers ou magasins dans » les enclos murés, cours et jardins. »

Il n'y a aucun motif sérieux pour préférer la rédaction du nouvel article 71 à celle du premier paragraphe de l'article 11 révisé par la loi récente de 1880 ; nous proposons donc le maintien de cet article 11 révisé et le rejet de l'article 71 du projet.

Les articles 72 et 73 du projet de loi ont pour effet de se substituer aux premiers paragraphes des articles 43 et 44 de la loi du 21 avril 1810, modifiés par la loi du 27 juillet 1880. Or il suffirait de modifier bien peu les premiers paragraphes

ART. 71

Aucune occupation ne pourra être autorisée sans le consentement formel du propriétaire de la surface, dans les enclos murés, cours et jardins.

ART. 72

L'exploitant d'une mine pourra être autorisé, dans les conditions des articles 70 et 71, à occuper les terrains nécessaires pour relier entre elles les diverses dépendances de la mine ou des mines voisines lui appartenant, ou pour relier lesdites mines ou leurs dépendances aux voies publiques du voisinage, par une route, un chemin de fer aérien, ou un chemin de fer destiné à la circulation du matériel employé dans les travaux intérieurs de la mine.

Art. 73

L'exploitant d'une mine peut être autorisé par un arrêté du Préfet, rendu conformément à une décision du Ministre des Travaux publics, à exécuter en dehors de son périmètre ou du périmètre d'autres mines, à titre de travaux de secours, qui seront réputés dépendances de la mine, les puits et galeries destinés à faciliter l'exploitation, notamment l'aérage, l'épuisement et le sortage.

L'autorisation qui fixera les conditions d'établissement de l'ouvrage ne sera donnée qu'après que les propriétaires intéressés auront été mis en demeure, par des significations individuelles faites par l'exploitant, de fournir leurs observations dans le délai d'un mois sur le projet de l'exploitant, qui restera déposé à la mairie de la commune pendant le même délai.

de ces deux articles 43 et 44 pour rendres inutiles les articles 72 et 73 du projet, et on pourrait libeller de la manière suivante lesdits paragraphes :

Art. 43. § 1er

« Le concessionnaire peut être autorisé par arrêté préfectoral » pris après que les propriétaires auront été mis à même de » présenter leurs observations, à occuper, dans le périmètre » de la concession, les terrains nécessaires à l'exploitation de » la mine, à la préparation mécanique des minerais et au la» vage des combustibles, à l'établissement des *routes, canaux,* » *chemins de fer et toutes autres voies de communication.*

Art. 44. § 1er

» Un décret rendu en Conseil d'État peut déclarer d'utilité » publique *les routes, canaux, chemins de fer, et toutes autres voies* » *de communication nécessaires à la mine,* et les travaux de secours » tels que puits ou galeries destinés à faciliter l'aérage et l'écou» lement des eaux, à exécuter en dehors du périmètre. Les » voies de communication créées en dehors du périmètre pour» raient être affectées à l'usage du public, dans les conditions » établies par le cahier des charges. »

Cette modification des articles 43 et 44 est conforme à la grande distinction qu'avaient voulu établir en 1875 et 1877 la sous-commission de révision de la loi des mines et le Conseil général des mines, savoir : simple autorisation préfectorale pour les voies de communication à l'intérieur du périmètre de concession, et décret portant déclaration d'utilité publique pour les voies de communication sortant du périmètre.

Cette modification, par son extension aux voies de communication de toute nature, serait favorable aux intérêts généraux de l'exploitation des mines ; d'autre part, elle assurerait, ce qui doit être, une autorisation plus expéditive aux voies de communication situées dans le périmètre de concession, qu'à celles qui sortent du périmètre concédé. Pour ces dernières, comme la déclaration d'utilité publique sera précédée d'une enquête, toutes les parties intéressées seront appelées à se faire entendre et particulièrement les concessionnaires voisins, s'il arrive que la voie de communication sollicitée par le demandeur s'étend sur le périmètre d'une concession de mine voisine et ce sera justice, justice pour tous.

Enfin la modification proposée, supprimerait la distinction établie par la loi actuelle entre les chemins modifiant le relief du sol et ceux qui ne le modifient pas, les premiers pouvant être autorisés à l'intérieur du périmètre par simple arrêté préfectoral, tandis que pour les autres il faut, même à l'intérieur du périmètre, les délais de la déclaration d'utilité publique. Cette distinction est difficile à établir avec précision dans la pratique, on ne l'ignore pas, et la nouvelle rédaction écarterait cette difficulté. D'autre part, il importe de dire que c'est particulièrement pour les mines en pays de montagnes que de petits chemins de fer ne sortant pas du périmètre sont parfois nécessaires ou même indispensables: or il arrive presque toujours que, dans les pays de montagnes, les chemins de fer, même fort courts et ne sortant pas du périmètre, modifient plus ou moins le relief du sol. Pourquoi faire une exception défavorable aux pays de montagnes, et favorable aux pays de plaines où des chemins de fer assez étendus peuvent être établis sans modifier sensiblement le relief du sol? L'équité est contraire, ce semble, à cette exception, et la rédaction proposée par le premier paragraphe de l'article 43 cesserait de mériter ce reproche.

En admettant qu'on ait modifié les premiers paragraphes des articles 43 et 44 de la loi de 1810 comme il vient d'être dit, les articles 72 et 73 du projet deviendraient inutiles.

En ce qui concerne l'article 72 du projet, la modification proposée par ces mots « *chemins de fer ou toutes autres voies de communication* » comprend nécessairement les chemins de fer aériens mentionnés à l'article 72 ; d'autre part, il vaut mieux dire « chemins de fer » sans autre désignation, que dire, comme fait l'article 72, « chemin de fer destiné à la circulation du ma-
» tériel employé dans les travaux de la mine. » Ces derniers mots peuvent donner lieu à des difficultés dans la pratique, en ce qui concerne la largeur de la voie.

D'autre part, le libellé de l'article 73 me paraît devoir être repoussé, comme devant organiser nécessairement dans chaque bassin une sorte de guerre civile entre les exploitants de mines limitrophes : en effet, d'après l'article 73, l'exploitant d'une mine peut être autorisé « *à exécuter en dehors de son périmètre*
» *ou du périmètre d'autres mines, à titre de travaux de secours qui*
» *seront réputés dépendances de la mine, les puits et galéries des-*
» *tinés à faciliter l'exploitation, notamment l'aérage, l'épuisement et*
» *le sortage.* »

Or, il faut le déclarer bien haut, si deux exploitants de houille, A et B, étant limitrophes, l'exploitant A peut faire sortir ses charbons dans le périmètre de l'exploitant B, alors qu'il pourra occuper, en vertu de l'article 70 et toujours dans le périmètre de l'exploitant B, les terrains nécessaires au lavage des combustibles, aux places de dépôt et de charbons, machines, magasins, etc., et *toutes autres annexes du sortage*, on aura sans le vouloir, fatalement organisé une guerre intime et incessante entre les deux exploitants. L'exposé des motifs dit expressément : « Doivent
» rester seuls exclusivement confinés dans les limites du pé-
» rimètre les travaux d'abatage proprement dit ; » ce que l'exposé des motifs ne dit point, c'est qu'il est forcé d'arriver à ce système par le principe de l'attribution des mines à l'inventeur, lequel a conduit à limiter à 800 hectares le maximum des périmètres des concessions houillères ; mais cette nécessité,

comme nous l'avons déjà remarqué, est la condamnation même du système d'attribution de la propriété des mines, organisé par le projet de loi. Le sortage des substances minérales concédées est l'œuvre essentielle, l'œuvre par excellence de l'exploitant, et les orifices de sortage sont aussi par excellence les œuvres qui différencient et doivent différencier les différents périmètres des propriétés de mines ; cela conduit à dire qu'il faut que chaque exploitant de mines installe dans son propre périmètre l'orifice ou les orifices de sortage qui lui conviennent ; or, pour cela faire, il faut qu'en chaque cas, le pouvoir concédant, c'est-à-dire le gouvernement, puisse attribuer à chaque nouveau propriétaire de mines, un périmètre convenable pour l'exploitation individuelle de ce périmètre, avec possibilité d'établir dans le périmètre les orifices de sortage nécessaires, ce qui conduit logiquement au système d'organisation de la propriété des mines tel qu'il résulte de la loi de 1810.

L'article 44 révisé de la loi actuelle limite à deux catégories les travaux de secours pour lesquels un exploitant peut obtenir le droit d'occupation de terrains en dehors de son périmètre, et éventuellement dans le périmètre d'une concession voisine, après déclaration d'utilité publique : ce sont « *les travaux de secours tels que* » *puits et galeries destinés à faciliter l'aérage ou l'écoulement des eaux.* » Cette limitation expresse des travaux de secours est prudente : elle se borne à l'aérage et à l'écoulement dont les orifices sont commandés par les lois de la physique et les circonstances locales ; mais, et c'est ici un point important à signaler, elle ne comprend pas les orifices de sortage des substances minérales, parce que la loi de 1810, interprétée dans son esprit général, admet que chaque exploitant doit établir dans sa concession les orifices de sortage nécessaires à sa mine.

Par tous les motifs qui précèdent, nous croyons devoir repousser les articles 72 et 73 du projet, pour nous tenir aux articles 43 et 44 de la loi de 1810 modifiés ainsi qu'il a été dit précédemment.   11

Art. 74.

Si un canal ou un chemin de fer, destiné à relier la mine à des voies publiques du voisinage, est déclaré d'utilité publique, la concession en est attribuée de préférence au propriétaire de la mine.

Les chemins de fer ainsi établis seront toujours réputés d'intérêt général.

Ces ouvrages publics pourront être affectés au service exclusif de la mine dans les conditions fixées au cahier des charges.

L'article 74 nous paraît inutile, dans le cas où l'on conserve, comme nous le proposons, l'article 44 de la loi de 1810 révisé par la loi du 27 juillet 1880, avec les modifications susmentionnées, ce qui est le cas où nous nous plaçons.

Le paragraphe 1ᵉʳ de l'article 44 dit que « les voies de communication créées en dehors du périmètre *pourront* être affectées à l'usage du public, dans les conditions établies par le cahier des charges. » Le mot *pourront* ne veut pas dire « *devront* »; par conséquent, si le Gouvernement juge qu'il n'y a pas lieu à affecter à l'usage du public la voie de communication créée en dehors du périmètre, il rédigera le cahier des charges de telle sorte que cette voie de communication soit affectée à l'usage exclusif de la mine, comme il est dit au paragraphe 3 de l'article 74. Par contre, si par suite de l'exploitation de mines voisines, ou pour tout autre motif, le Gouvernement juge que la voie de communication devra être affectée à l'usage du public, il le dira dans le cahier des charges.

Le droit de préférence stipulé au paragraphe 1ᵉʳ de l'article 74 ne semble pas nécessaire à écrire dans la loi, alors qu'on conserve, comme nous proposons, l'article 44 de la loi actuelle, modifié ainsi qu'il a été dit; l'application de ce droit de préférence pourrait même créer des difficultés en cas de propriétaires de mines limitrophes.

Nous croyons donc devoir repousser l'article 74 tout entier.

TITRE VI.

Relations entre propriétaires de mines.

Art. 75.

Le Préfet peut enjoindre à tout propriétaire de mines, sans qu'il y ait droit à indemnité,

L'article 75 du projet est relatif aux massifs de protection réservés le long des limites des périmètres des diverses mines, lesquels sont connus sous le nom d'*investisons*.

Or à ce sujet, le modèle de cahier des charges à joindre aux concessions de mines de 1882, celui de 1880 et celui de 1843, contiennent un article ainsi conçu :

« Si les gîtes à exploiter dans la concession d... se pro-
» longent hors de cette concession, le préfet pourra ordonner,
» sur le rapport des ingénieurs des mines, le... concession-
» naire... ayant été entendu... qu'un massif soit réservé intact
» sur chaque gîte, près de la limite de la concession, pour
» éviter que les exploitations soient mises en communication
» avec celles qui auraient lieu dans une concession voisine
» d'une manière préjudiciable à l'une ou l'autre mine. L'épais-
» seur de ces massifs sera déterminée par l'arrêté du préfet
» qui en ordonnera la réserve.

» Les massifs ne pourront être traversés ou entamés par un
» ouvrage quelconque, que dans le cas où le préfet, après avoir
» entendu le... concessionnaire... intéressé... et sur le rapport
» des ingénieurs des mines, aura autorisé cet ouvrage et pres-
» crit le mode suivant lequel il devra être exécuté. Dans le
» cas où l'utilité de ces massifs aurait cessé, un arrêté du pré-
» fet autorisera le... concessionnaire... à exploiter la partie
» qui l... appartiendra ».

de laisser intact un massif de protection pour séparer la mine de celles du voisinage.
Ce massif pourra être tra-
versé ou enlevé sur une auto-
risation préalable du Préfet,
et dans les conditions indiquées
par lui.

Ces prescriptions des cahiers des charges, en ce qui concerne les investisons sont fort sages : obligent-elles les concession-naires, alors qu'elles sont écrites dans leurs cahiers des charges? Nous inclinons pour l'affirmative, en raison de la jurisprudence du Conseil d'Etat (16 novembre 1850, Veyras); mais, pour évi-ter toute incertitude et pour prévoir le cas où il existerait quelques mines ne contenant pas ces prescriptions dans leurs cahiers des charges, nous reconnaissons qu'il y a lieu d'écrire dans la loi de 1810 révisée, un paragraphe additionnel conte-nant, en termes généraux, le germe de la prescription relative aux investisons ou massifs de protection.

La place de ce paragraphe additionnel est toute marquée

dans la loi de 1810 : c'est à l'article 45, le seul de ladite loi qui s'occupe des relations entre propriétaires de mines. On pourrait donc adjoindre à cet article un paragraphe ainsi conçu :

§ 2. *En ce qui concerne les massifs de protection le long du péri-mètre de concession, leur maintien ou leur traversée ou leur enlèvement, le concessionnaire sera tenu, sans qu'il ait droit à indemnité, de se conformer, pour le moment, aux prescriptions du cahier des charges de sa concession et plus tard aux arrêtés préfectoraux rendus à cet égard, conformément aux règlements d'administration publique à intervenir, ainsi qu'il est dit à l'article 47.*

Observons tout d'abord qu'à l'occasion de l'examen du titre VIII du projet de loi relatif à la surveillance des mines, nous pro-poserons d'insérer dans l'article 47 modifié de la loi de 1810, un paragraphe additionnel annonçant qu'il interviendra des règlements d'administration publique pour l'application des différentes parties de la loi. Ce sont ces règlements que vise le paragraphe additionnel proposé pour l'article 45 : grâce à ce paragraphe additionnel, il n'y aurait plus à tenir compte de l'article 75 du projet.

Art. 76.

Lorsque deux mines sont superposées, le Préfet, à défaut d'entente amiable entre leurs propriétaires, fixera, les par-ties entendues, la manière dont les travaux des deux mines devront être conduits pour prévenir, autant que possible, les préjudices réci-proques.

Le cas de mines superposées, prévu par l'article 76 du projet de loi, est traité de la manière suivante par le modèle des cahiers des charges des concessions de mines joint à la circu-laire ministérielle du 9 octobre 1882.

« Article K. *(Spécial au cas où le gîte nouvellement concédé s'é-* » *tendrait sous des terrains déjà concédés pour l'exploitation d'une mine* » *d'une autre nature.)* Le concessionnaire... ser... tenu... de » souffrir toutes les ouvertures qui seraient pratiquées pour » l'exploitation des mines de... par le... concessionnaire... » de ces mines, ou même le passage à travers... propres tra-» vaux s'il est reconnu nécessaire, le tout, s'il y a lieu,

» moyennant une indemnité, qui sera réglée de gré à gré ou
» à dire d'experts.

» Article L. *(Spécial au cas où le gîte nouvellement concédé s'é-*
» *tendrait sous des terrains déjà concédés pour l'exploitation d'une mine*
» *d'une autre nature.)* Si l'exploitation des gîtes d... objet de
» la présente concession, fait reconnaître qu'ils approchent des
» gîtes de... objet de la concession d... le... concession-
» naire... ne pourr... exploiter que la partie de ces gîtes où
» l'extraction sera reconnue n'offrir aucun inconvénient pour
» les mines de la concession d... situées dans le voisinage.

» En cas de contestations à ce sujet, il sera statué par le
» préfet, ainsi qu'il est dit à l'article ci-dessus, et le... con-
» cessionnaire... devr... se conformer aux mesures qui se-
» ront prescrites par l'Administration,

» Article O. Si des gîtes de minerais étrangers à ... com-
» pris dans l'étendue de la concession ... sont exploités léga-
» lement par les propriétaires du sol, ou deviennent l'objet
» d'une concession particulière accordée à des tiers, le ... con-
» cessionnaire ... des mines d... d... ser... tenu,... de
» souffrir les travaux que l'Administration reconnaîtrait utiles
» à l'exploitation desdits minerais, et même si cela est néces-
» saire, le passage dans ... propres travaux, le tout, s'il y a
» lieu, moyennant une indemnité qui sera réglée de gré à gré
» ou par experts. »

Ces prescriptions, fort bien conçues, sont plus ou moins analogues à celles qui figuraient déjà dans les modèles des
cahiers des charges de 1880 et 1843 : Mais ainsi qu'il a été
dit tout à l'heure, au sujet de l'article 75 du projet, nous proposerions, pour éviter toute incertitude et pour parer au cas
où la question des mines superposées n'aurait pas été traitée
dans tous les cahiers des charges, d'ajouter à l'article 45 de la
loi de 1810 un troisième paragraphe ainsi conçu :

§ 3. — *Dans le cas de mines ou exploitations superposées, chaque concessionnaire sera tenu de se conformer, pour le moment, aux prescriptions de son cahier des charges, et plus tard, aux arrêtés préfectoraux rendus à cet égard conformément aux règlements d'administration publique à intervenir, ainsi qu'il est dit à l'article 47, le tout, s'il y a lieu, moyennant une indemnité qui sera réglée de gré à gré ou à dire d'experts.*

Ce paragraphe additionnel satisferait ainsi au cas de concessions superposées, lequel est visé par l'article 76 du projet de loi.

Art. 77.

Dans le cas de mines voisines, un des propriétaires peut être autorisé par le Préfet, à défaut d'entente amiable entre les intéressés, et ceux-ci entendus, à exécuter dans les autres mines, tous travaux de secours, distincts de ceux desdites mines, destinés à faciliter l'aérage, l'épuisement et le sortage.

Ces travaux seront considérés comme des dépendances de la mine pour le service de laquelle ils auront été exécutés.

Un propriétaire de mine peut également être autorisé, dans les mêmes conditions, à mettre ses travaux en communication avec ceux des mines voisines, pour le service de l'aérage ou de l'épuisement ou pour la sortie des ouvriers en cas de danger.

En ce qui concerne le cas de mines voisines, prévu par l'art. 77 du projet de loi, le modèle des cahiers des charges des concessions des mines joint à la circulaire ministérielle du 9 octobre 1882, contient un article ainsi conçu.

« Art. N. — Dans le cas où il serait reconnu nécessaire
» d'exécuter des travaux ayant pour but soit de mettre en
» communication les mines des deux concessions, pour l'aérage
» ou pour l'écoulement des eaux, soit d'ouvrir des voies d'aé-
» rage, d'écoulement ou de secours destinées au service des
» mines de la concession voisine, le concessionnaire sera
» tenu de souffrir l'exécution de ces travaux et d'y participer
» dans la proportion de son intérêt.

» Ces ouvrages seront ordonnés par le préfet, sur le rapport
» des ingénieurs des mines, le concessionnaire ayant été
» entendu...

» En cas d'urgence, les travaux pourront être entrepris sur
» la simple réquisition de l'ingénieur des mines du dépar-
» tement conformément à l'article 14 du décret de 1813. »

Cet article est la reproduction exacte d'un article tout pareil qui se trouvait dans le modèle de cahier des charges de 1880, et il est presque semblable sauf quelques différences dignes d'être signalées, à l'article W du modèle du cahier des charges joint à la circulaire du 8 octobre 1843, lequel est ainsi conçu.

« ART. W. — Dans le cas où il serait reconnu nécessaire à
» l'exploitation de la concession ou d'une concession limitro-
» phe d'exécuter des travaux ayant pour but, soit de mettre
» en communication les mines des deux concessions, pour
» l'aérage ou pour l'écoulement des eaux, soit d'ouvrir des voies
» d'aérage, d'écoulement ou de secours destinées au service
» des mines de la concession voisine, le concessionnaire sera
» tenu de souffrir l'exécution de ces travaux et d'y participer
» dans la proportion de son intérêt.

» Ces ouvrages seront ordonnés par le préfet, sur le rap-
» port des ingénieurs des mines, le concessionnaire ayant été
« entendu et sauf recours au ministre des travaux publics.

« En cas d'urgence, des travaux pourront être entrepris sur
« la simple réquisition de l'ingénieur des mines du départe-
« ment, conformément à l'article 14 du décret du 3 janvier
« 1813.

« Dans ces divers cas, il pourra y avoir lieu à indemnité
« d'une mine en faveur de l'autre et le règlement s'en fera
« par experts, conformément à ce qui est prescrit par l'article
« 45 de la loi du 21 avril 1810 pour les travaux servant à
« l'évacuation des eaux d'une mine dans une autre mine. »

La modification apportée à l'article 44 de la loi du 21 avril 1810, en ce qui concerne l'exécution en dehors du périmètre de travaux de secours pour l'aérage et l'écoulement des eaux, a enlevé aux articles qui précèdent une partie de leur impor-tance; néanmoins cette importance existe encore dans une mesure suffisante pour qu'il ait lieu, ce semble, d'adjoindre à l'article 45 de la loi de 1810 un quatrième paragraphe, conçu comme il suit :

§ 4. — *Dans le cas de mines voisines, alors que l'administration jugerait nécessaire d'exécuter des travaux ayant pour but de mettre en communication les deux mines pour l'aérage, ou pour l'écoulement des eaux, ou pour la sortie des ouvriers en cas de danger, chaque concessionnaire sera tenu, en participant aux frais de ces travaux dans la proportion de son intérêt, de se conformer, pour le moment, aux prescriptions de son cahier des charges, et plus tard, aux arrêtés préfectoraux rendus en cette matière conformément aux règlements d'administration publique à intervenir ainsi qu'il est dit à l'article 47. S'il y a lieu à indemnité d'une mine en faveur de l'autre, le règlement s'en fera par experts, comme il est dit au paragraphe 1er du présent article.*

Dans ces conditions, nous pensons que nous aurons tenu un compte suffisant de l'article 77 du projet de loi.

On remarquera que les disposition écrites dans le paragraphe additionnel ci-dessus se bornent à viser les travaux de secours pour l'aérage, l'écoulement et la sortie des ouvriers en cas de danger, sans faire aucune mention du sortage des substances minérales : nous nous referons, sur ce point, à ce qui a été dit précédemment au sujet de l'article 73 et de l'article 70 du projet de loi.

Art. 78.

Le propriétaire d'une mine est tenu de réparer les préjudices que ses travaux d'exploitation peuvent causer aux mines voisines ou superposées, notamment par suite de l'écoulement de l'eau et de l'exercice des servitudes mentionnées aux deux articles précédents.

Tout propriétaire de mine qui poursuivrait ses travaux dans une mine voisine, restera civilement responsable, jusqu'à l'expiration de la troi-

En raison de ce que nous conservons l'article 45 de la loi de 1810, et de ce que nous y joignons des paragraphes additionnels, il n'y a pas lieu de tenir compte du premier paragraphe de l'article 78 du projet. En effet, tout d'abord, l'article 45 actuel, devenu le premier paragraphe de l'article modifié, règle de la manière la plus équitable les préjudices ou avantages que peuvent se causer réciproquement deux propriétaires des eaux, au point de vue du régime des eaux. D'autre part, les paragraphes 3 et 4 adjoints à ce même article prévoient l'éventualité d'indemnités à régler, s'il y a lieu, dans le cas de mines superposées ou de travaux jugés nécessaires par l'Administration pour mettre des mines en communication.

Quant au second paragraphe de l'article 78 du projet, lequel se rapporte à la responsabilité d'un concessionnaire qui poursuivrait indûment ses travaux dans une mine voisine, on pourrait peut-être ne pas en tenir compte dans la loi, en laissant à la jurisprudence le soin de trancher la question qui s'y rattache. Néanmoins, comme il s'agit ici d'une prescription d'honnêteté, à laquelle des débats récents survenus dans certains bassins houillers de la France ont donné de l'importance, il semblerait utile de joindre à l'article 45 de la loi de 1810 un cinquième paragraphe ainsi conçu :

§ 5. — *Tout concessionnaire de mine qui poursuivrait ses travaux dans une mine voisine restera civilement responsable jusqu'à l'expiration de la troisième année qui suivra la constatation du fait, nonobstant la prescription de l'action publique.*

sième année qui suivra la constatation du fait, nonobstant la prescription de l'action publique.

L'article 45 de la loi du 21 avril 1810 admet, en ce qui concerne le déversement de l'eau dans deux mines voisines, la plénitude de l'indemnité due pour le dommage de l'eau déversée chez le voisin, et la plénitude de plus-value, pour l'écoulement de l'eau de la mine dénoyée, en faveur de la mine dénoyante : c'est, en équité, l'application parfaite et en quelque sorte mathématique du principe hydraulique des vases communicants. Ce double chef d'indemnité réciproque mérite d'être conservé sans qu'il y ait lieu d'y substituer la limite arbitraire d'une réduction à moitié, stipulée par le premier paragraphe de l'article 79 du projet. En effet, au point de vue hydraulique, deux mines voisines ont exactement la solidarité des vases communicants dont la physique s'occupe, et cette solidarité commande la réciprocité de l'indemnité. Nous proposons donc de maintenir, sans y rien changer, l'article 45 actuel de la loi de 1810, lequel deviendrait le premier paragraphe dudit article modifié

Art. 79.

Si une mine réalise une économie, à raison d'un travail exécuté pour le service d'une autre mine, il sera dû par la première à la seconde une indemnité équivalente à la moitié de l'économie réalisée, sans que cette indemnité puisse en aucun cas être supérieure à la moitié des charges résultant de l'exécution et de l'entretien dudit travail.

Cette indemnité pourra être fixée sous forme d'une redevance annuelle.

Si une pareille économie est réalisée par plusieurs mines, l'indemnité, calculée comme il vient d'être dit, sera répartie, s'il y a lieu, entre elles, à raison de l'économie réalisée par chacune.

12

par des paragraphes additionnels, ainsi qu'il vient d'être dit. D'autre part, les paragraphes 3 et 4 adjoints à cet article 45 prévoient les cas d'indemnités à régler de gré à gré ou à dire d'experts, et rien n'est à prescrire sur la base de ces indemnités : il appartiendra aux experts et, en définitive, aux tribunaux de résoudre ces différentes questions d'indemnité, suivant les cas. Nous croyons donc devoir repousser en entier le premier paragraphe de l'article 79 du projet.

Nous dirons de même des paragraphes 2 et 3 de cet article : La forme de l'indemnité sera réglée, selon les cas, par les experts et tribunaux, lesquels détermineront aussi quelles sont les différentes mines qui devront participer à l'indemnité ou la recevoir : ce sont choses de détail à ne pas mettre dans la loi des mines.

Art. 80.

Les propriétaires de plusieurs mines voisines peuvent constituer un syndicat avec l'autorisation du Ministre des Travaux publics, donnée après une enquête publique, pour l'exécution et l'entretien, à frais communs, des puits, galeries ou autres travaux, ainsi que des voies de communication, dont l'établissement aura été reconnu utile aux mines syndiquées.

Art. 81.

Lorsque plusieurs mines voisines ont leur sécurité ou leur existence compromise par une cause commune quelconque, une décision ministérielle, rendue après enquête publique, détermine les mines dont les propriétaires seront obligés de constituer un syndicat en

Quoique nous pensions que le périmètre de la concession d'une mine doive être déterminé par le pouvoir concédant avec une étendue suffisante pour qu'il soit viable, ce qui est le système de la loi de 1810 que nous proposons de conserver, nous n'hésitons pas à reconnaître qu'il est utile de laisser se constituer des syndicats amiables, des syndicats libres, entre différentes concessions voisines, malgré leur viabilité individuelle, et c'est pour cela que nous adoptons le principe des syndicats libres, posé dans l'article 80 du projet de loi.

Ces syndicats libres, pour les concessions instituées dans le système de la loi de 1810, deviendraient des syndicats obligatoires avec les concessions houillères au maximum de huit cents hectares, instituées dans le système de la loi projetée. Or, il faut bien le dire, même avec l'institution de ces syndicats libres, les concessions trop petites ne présenteront pas à leurs possesseurs les mêmes ressources que d'autres concessions suffisamment étendues, au point de vue de la sécurité des capitaux que les concessionnaires voudront y mettre, ou y appeler du dehors.

A ce sujet, nous croyons devoir critiquer la déclaration suivante de l'exposé des motifs : *C'est dans cette voie que les exploitants devront chercher les facilités que pouvaient donner autrefois ces périmètres démesurément étendus dont on a signalé les inconvénients divers.* Les périmètres étendus ont, en raison de ce qu'ils assurent au concessionnaire une réserve minérale considérable, les trois avantages suivants : 1° d'assurer une juste rémunération aux capitaux importants que l'exploitant de mines voudra mettre dans les installations intérieures et extérieures de sa concession ; 2° de faciliter l'appel de capitaux étrangers, sous la forme d'obligations ou autrement, pour l'exécution de grands travaux d'aménagement de la richesse minérale de la concession ; 3° enfin, de permettre de faire une part plus grande aux salaires, c'est-à-dire *à la rémunération des ouvriers,* à raison des économies que ces grands travaux auront permis de faire dans certains éléments du prix de revient étranger au salaire : nous n'avons rien à ajouter à ce qui a été dit précédemment sur ce point.

Revenons aux syndicats libres. Le fonctionnement de ces syndicats libres devra être fixé par un règlement d'administration publique ; d'autre part, ces syndicats libres ne devront pas empêcher le gouvernement d'instituer des *syndicats forcés,* au cas de mines menacées d'inondation, par application de la loi du 27 avril 1838, complétée par le règlement d'administration publique du 23 mai 1841 (1).

Mais la création de syndicats obligatoires doit être restreinte au

vue d'exécuter et d'entretenir les ouvrages reconnus nécessaires pour obvier au danger.

L'assemblée générale appelée à nommer le syndicat se composera des propriétaires des mines intéressées. Chacun disposera d'un nombre de voix en rapport avec la valeur du produit brut de sa mine pendant les trois dernières années de son exploitation.

Le plan des travaux sera arrêté par le Ministre sur la proposition du syndicat.

Les taxes dues par chaque propriétaire intéressé, pour l'exécution et l'entretien des ouvrages, seront fixées à raison de son intérêt, par un rôle dressé par le syndicat et rendu exécutoire par le Préfet.

Ces taxes seront perçues et recouvrées comme en matière de contributions directes.

A défaut de paiement de la taxe due, dans le délai de deux mois à dater de la sommation qui lui aura été faite, le propriétaire en retard pourra être déclaré déchu de sa propriété.

L'administration pourra faire les avances des frais dus par ledit propriétaire.

Si l'assemblée générale des propriétaires intéressés n'a pas constitué de syndicat, deux mois après l'invitation qui lui en aura été faite par le Préfet, ou si le syndicat omet de présenter le projet des travaux ou de les exécuter et entretenir dans les délais qui lui auraient été impartis, le syndicat pourra être remplacé par une commission syndicale nommée par le Ministre.

---

(1) Cette loi de 1838 a produit d'heureux résultats, quoique indirects, dans le bassin des mines de Rive-de-Gier. En effet, c'est alors que les exploitants des mines menacées d'inondation de ce bassin virent qu'on pouvait instituer un syndicat forcé, que plusieurs de ces petites mines voisines fusionnèrent en une compagnie puissante, ce qui fut à l'origine un bienfait réel pour l'exploitation du bassin.

cas de mines menacées d'inondation, qui est le cas prévu par la loi éminemment sage du 27 avril 1838; il ne doit pas être étendu, comme le propose l'article 81 du projet, à celui de mines voisines ayant leur sécurité ou leur existence compromise *par une cause commune quelconque*, ce qui conduirait par trop à mettre la vie économique des mines sous le joug de l'arbitraire ministériel : la chose est d'autant moins nécessaire que l'administration est suffisamment armée par les dispositions de l'article 77 du projet, reproduites dans le paragraphe 4 additionnel de l'article 45 de la loi de 1810, pour faire exécuter dans des mines voisines les travaux de secours nécessaires à l'aérage, à l'épuisement ou à la sortie des ouvriers.

D'autre part, les dispositions mentionnées à l'article 82 du projet nous paraissent inutiles à écrire dans la loi des mines, attendu que le droit commun suffit, et que, d'ailleurs, chaque concessionnaire de mines, syndiqué ou non, reste toujours responsable, sauf les recours de droit (vis-à-vis de l'administration, des propriétaires de la surface et des tiers en général, des travaux de mines exécutés dans sa concession.

Par tous les motifs qui précèdent, nous proposerions d'adjoindre à l'article 45 un dernier paragraphe, lequel serait ainsi conçu :

§ 6. *Les propriétaires de plusieurs concessions de mines voisines pourront constituer un syndicat libre, avec autorisation du Ministre des Travaux publics, donnée après une enquête publique, pour l'exécution et l'entretien à frais communs de puits, galeries ou autres établissements ou travaux de tout genre, ainsi que des voies de communication dont la création aura été reconnue utile aux mines ainsi syndiquées amiablement. Un règlement d'administration publique fixera les formes de l'enquête et les conditions de fonctionnement de ces syndicats libres. Le gouvernement, nonobstant l'existence de ces syndicats libres, conservera toujours le droit d'instituer des syndicats forcés, dans le cas de mines menacées d'inondation, conformément à la loi du*

27 avril 1858, complétée par le règlement d'administration publique du 23 mai 1841.

Par suite de ces cinq paragraphes additionnels, l'article 45 de la loi de 1810, le seul de cette loi qui traite des relations de concessionnaire à concessionnaire, deviendra un peu complexe; mais il faut reconnaître que la chose était nécessaire, en voulant conserver le précieux avantage du numérotage actuel de la loi organique des mines : ajoutons que, dans la pratique des choses, cette extension donnée au libellé d'un article de notre code minéral, n'offrirait aucun inconvénient sérieux.

TITRE VII.

Impôts spéciaux aux mines.

Occupons-nous d'abord de la redevance fixe.

Le modèle de décret de concession de mines joint à la circulaire du 9 octobre 1882 ne contient aucun article relatif aux redevances.

Le modèle de 1880 contient un article ainsi conçu :

« Le concessionnaire payera à l'Etat, entre les mains du « receveur de l'arrondissement d..., les redevances fixe et « proportionnelle établies par la loi du 21 avril 1810 et confor- « mément à ce qui est déterminé par le décret du 6 mai 1811. »

Le même article se trouve écrit dans le modèle des clauses à insérer dans les projets d'ordonnances de concession de mines, joint à la circulaire du 8 octobre 1843 (art. 6).

Nous n'entendons pas attacher une importance extrême à cette insertion du chiffre des redevances dans les actes de concession de mines, pour conclure de cette insertion que l'impôt des mines est réglé par l'acte de concession comme par un vrai contrat. Pour être vrai, néanmoins, il faut rappeler à cet égard une circulaire administrative d'une portée consi-

Art. 84.

Les propriétaires de mines sont tenus de payer annuellement à l'Etat une redevance fixe et une redevance proportionnelle au produit net de l'extraction, en deux semestres égaux, avant le 30 juin et le 31 décembre.

Art. 85.

La redevance fixe est établie d'après la surface limitée par le périmètre ; elle sera de 50 centimes entre 0 et 50 hectares, de 1 franc par hectare en plus entre 51 et 100 hectares, de 2 francs par hectare en plus entre 101 et 500 hectares, de 3 francs par hectare en plus entre 501 et 1,500 hectares, et de 4 francs par hectare en plus au-dessus de 1,500 hectares.

Si plusieurs mines de même nature sont réunies entre les mêmes mains, elles seront imposées comme si elles ne formaient qu'une seule et même mine.

Art. 86.

La redevance proportionnelle sera réglée, chaque année, à 3 0/0 du produit net déclaré de l'extraction faite pendant l'année précédente.

La déclaration détaillée de ce produit net sera remise au Préfet par l'exploitant avant le 1ᵉʳ mai ; elle sera vérifiée, s'il y a lieu, en cours d'exercice, par voie d'expertise ordonnée par le Préfet. Si le produit net déclaré est inférieur de 10 0/0 au produit réel, la redevance à payer par l'exploitant sera de 5 0/0 du produit net, arrêté par le Conseil de préfecture; l'exploitant supportera, en outre, les frais de l'expertise.

Toute mine dont l'exploitant n'aura pas fourni, en temps voulu, la déclaration ci-dessus, sera imposée d'office d'après les évaluations des Ingénieurs des mines. En cas de réclamation, il sera statué par le Conseil de préfecture, après expertise; mais le dégrèvement ne pourra être, s'il y a lieu, que la partie de la somme qui dépassera le 5 0/0 du produit net, arrêté par le Conseil de préfecture.

Les frais de l'expertise resteront à la charge de l'exploitant, quelle que soit la décision.

L'expertise sera confiée dans tous les cas à trois experts, désignés : l'un par l'exploitant, l'autre par le Préfet et le troisième par les deux premiers, ou, à défaut d'entente entre eux, par le Conseil de préfecture.

Les frais d'expertise seront arrêtés par le Conseil de préfecture.

dérable : c'est la circulaire du directeur général des mines aux préfets, du 25 mai 1811, relative à l'exécution du décret-loi 6 mai 1811 sur les redevances.

Cette circulaire arrive à prononcer ce mot de *contrat* dans les circonstances suivantes :

« Une des dispositions du décret sur laquelle je crois devoir
» fixer particulièrement votre attention est celle qui assujettit
» au payement de la redevance les mines exploitées sans con-
» cession, souvent sans titre, etc. Avant la loi du 21 avril
» 1810, les établissements illicites étaient une sorte d'usurpa-
» tion des prérogatives de la souveraineté, qui seule avait le
» droit d'accorder la concession de mines ; aujourd'hui, ils
» peuvent être considérés comme un envahissement réel du
» territoire, *puisqu'une véritable propriété est devenue inhérente à*
» *l'exploitation des mines et que cette propriété ne peut être acquise*
» *que* PAR UN CONTRAT AUTHENTIQUE *dans lequel les intérêts de l'Etat*
» *et ceux des possesseurs de la surface doivent être respectivement*
» *pris en considération et stipulés d'une manière incommutable.* »

La conclusion bien naturelle à tirer de cette circulaire d'une importance vraiment magistrale, comme on peut s'en convaincre en se reportant à son texte (1), c'est qu'en 1811 on comprenait que les redevances sur les mines stipulées dans les actes de concession, conformément aux articles 33 et suivants de la loi du 21 avril 1810, *étaient stipulées d'une manière incommutable*, exactement comme *les redevances tréfoncières* accordées aux possesseurs de la surface, conformément aux articles 6 et 42 *de la même loi.* Cette conclusion a une certaine gravité dans le cas présent.

En effet, la redevance fixe est réglée à 10 francs par kilomètre carré, soit 10 centimes par hectare, par l'article 34 de la loi de 1810, tandis que d'après l'article 85 du projet de loi,

---

(1) Recueil de M. Lamé-Fleury, t. 1ᵉʳ, p. 205.

elle est fixée d'une manière *progressive* suivant les périmètres, de manière à atteindre le chiffre de 3 fr. 50 c. par hectare *35 fois plus fort que le chiffre de la loi actuelle)* pour toutes les concessions, très nombreuses en France, dont la superficie est comprise entre 501 et 1,500 hectares; d'après le même article, la redevance fixe atteindrait même le chiffre de 4 fr. 50 c. *(45 fois plus fort que le chiffre de la loi actuelle)* pour les concessions, nombreuses encore en France, dont la superficie dépasse 1,500 hectares.

L'article 85 du projet de loi viole donc d'une façon manifeste une des maximes fondamentales de notre droit public, celle qui est écrite dans les termes suivants à l'article 2 du code civil : *La loi ne dispose que pour l'avenir ; elle n'a point d'effet rétroactif ;* ce motif devrait suffire, à lui seul, à faire repousser l'article 85 du projet.

Une objection nous sera certainement faite; il faut la prévenir : La redevance fixe, pourra-t-on dire, est un *impôt sur les mines ;* elle n'a pas plus le privilège d'être immuable que les autres impôts, lesquels varient, suivant les besoins généraux; mais à cela il est facile de faire la réponse suivante : Si les besoins généraux du pays le commandaient, si *des décimes additionnels* devaient être mis sur toutes les contributions, soit *directes,* soit *indirectes,* les exploitants de mines ne feraient pas d'objection à se soumettre, en ce qui concerne la propriété des mines, à ces décimes additionnels qui pèseraient sur toutes les autres propriétés et atteindraient tous les contribuables ; mais ce n'est pas ici le cas. La loi organique des mines du 21 avril 1810 a spécifié, par son article 34, que les propriétaires de mines seraient tenus de payer à l'État une redevance fixe annuelle de 10 francs par kilomètre carré de l'étendue de la concession, soit 10 centimes par hectare.

Cette redevance devait affecter toutes les mines sans exception, non pas seulement les concessions de mines à instituer dans

ART. 87.

Les redevances fixe et proportionnelle seront imposées et perçues comme en matière de contributions directes, en tant qu'il n'est pas disposé autrement par la présente loi ou les règlements d'administration publique faits pour son exécution.

ART. 88.

Un règlement d'administration publique déterminera le mode d'établissement du produit brut et des dépenses, pour l'évaluation du produit net imposable.

ART. 89.

Le privilège du Trésor public, pour le recouvrement des redevances, est réglé ainsi qu'il suit, et s'exerce avant tout autre pour l'année échue et l'année courante, savoir :

1° Sur les produits, loyers et revenus de toute nature de la mine ;

2° Sur tous les meubles et autres effets mobiliers appartenant aux redevables, en quelque lieu qu'ils se trouvent.

En outre, à défaut de paiement de la redevance fixe pendant deux années consécutives, la déchéance de la propriété de la mine peut être prononcée.

l'avenir, mais encore les concessions ou exploitations antérieures
à 1810, ainsi qu'il est dit aux articles 52 et 54 de la loi de
1810 ; à ce sujet, l'article 40 stipulait que les anciennes redevances dues à l'État cesseraient d'avoir cours à dater du jour
où les redevances nouvelles seraient établies.

Conséquemment, depuis 1810, tous les propriétaires de mines
de France comptant sur l'étendue de leurs concessions ont
mis en balance d'une part la faible redevance fixe de 10 centimes par hectare qu'ils auraient à payer à l'État en vertu
du texte formel de l'article 34 de la loi organique des mines,
et d'autre part, le *cubage* des richesses minérales existant dans
leurs concessions, d'après les étendues respectives de celles-ci.
Opérant loyalement sur cette base comparative, et agissant
ainsi dans la plénitude de leurs droits, ils ont fait, dans ces
diverses concessions, des travaux considérables en recherches
et installations de tout genre, extérieures et intérieures, soit à
l'aide de leurs propres capitaux, soit à l'aide de capitaux
étrangers ; ces capitaux de toute origine étaient appelés et
garantis par la forte réserve minérale existant dans ces concessions étendues. Or, ne lèse-t-on pas les droits essentiels des
propriétaires de mines lorsqu'on vient leur dire : La redevance
fixe de 10 centimes par hectare sera désormais 35 ou 45 fois
plus forte, suivant que vos périmètres seront de 500 à 1,500
hectares ou au delà ? N'y a-t-il pas ici *injustice et rétroactivité ?* On
pourra répondre, nous le savons, qu'il appartiendra aux concessionnaires de mines de réduire leurs périmètres en conséquence, de façon à alléger la charge de la redevance fixe. Les
auteurs du projet de loi ont prévu cet expédient ; ils y ont
compté même : ils ne s'en cachent point. L'exposé des motifs
(p. 4) mentionne en effet, dans le programme de la loi nouvelle, l'objectif suivant : « *faire servir cet impôt* (l'impôt des mines)
à ramener les périmètres à des proportions raisonnables. » Il dit
encore (p. 15) : « Un pareil impôt, très aisement supportable

» par une exploitation dont l'activité serait en rapport avec
» l'étendue de son champ, *sera intolérable pour tout exploitant*
» *qui laisserait sa mine inactive ou presque inactive.* »

Arrêtons ici cette citation pour observer que l'exposé des
motifs commet une erreur économique énorme en supposant
que l'activité d'une mine peut et doit être toujours en rapport
avec l'étendue de son champ d'exploitation, sans qu'il faille
tenir aucun compte des débouchés possibles. Une mine pourrait tirer 100,000 tonnes de houille d'après l'étendue de son
périmètre, mais elle n'en tire que 50,000 tonnes, parce qu'elle
ne saurait en vendre davantage ; le nouveau projet de loi
punit l'exploitant en le forçant à renoncer à la moitié de son
périmètre : est-ce juste ? La plupart des mines de houille
de la France pourraient accroître sensiblement leur production
actuelle, le fait est notoire, si les débouchés restreints par les
houilles étrangères et les circonstances industrielles générales
ne s'y opposaient pas. L'exposé des motifs, en admettant implicitement que l'activité des exploitations doit être en proportion directe avec l'étendue des périmètres sans tenir compte
des débouchés, fait la même erreur économique que ceux qui
reprochent d'emblée aux exploitants des houillères de la
France de ne pas produire annuellement, en sus des 20 millions de tonnes de l'extraction actuelle, les 11 à 12 millions
de tonnes venant de l'étranger.

L'exposé des motifs dit encore (p. 15) : « *l'impôt* progressif
» sur la surface aura également pour effet d'empêcher effica-
» cement, *sans aucune intervention arbitraire de l'Administration,*
» *l'immobilisation de terrains trop étendus entre les mains d'un exploi-*
» *tant impuissant ou inapte à en tirer le meilleur parti pour l'intérêt*
» *public.* » Le même document ajoute, à la page 25 : « *L'ar-*
» *ticle 135 donne de telles facilités aux concessionnaires actuels pour*
» *se débarrasser des terrains qui leur seraient inutiles avec le nouveau*
» *régime, que certainement la mesure doit seulement atteindre ceux*

13

» *qui n'exploitent pas avec une activité suffisante.* » Une grave objection doit être faite ici. L'article 135 du projet de loi, dont se prévaut l'exposé des motifs, ne donne rien aux concessionnaires de mines que ce qui était écrit dans les cahiers des charges de leurs concessions au sujet de la renonciation partielle ou totale (article F du modèle de cahiers des charges de 1882); et les faits sont là pour démontrer que de nombreux décrets ou ordonnances ont accordé des réductions ou renonciations en matière de concessions de mines; mais ces réductions de périmètre étaient entièrement soumises à la libre initiative des concessionnaires. Aujourd'hui, c'est tout autre chose : on élève de 1 à 35 ou même de 1 à 45 la redevance fixe, de 10 centimes par hectare, que les concessionnaires paient à l'État, ce qui forcera un grand nombre d'entre eux à renoncer à une partie de leur périmètre, partie qu'ils préféreraient fort conserver avec la redevance primitive de 10 centimes. Faire valoir à ces concessionnaires les facilités qu'ils auront pour obtenir ces réductions forcées dans l'étendue de leur propriété minérale, n'est-ce pas presque *dérisoire* à leur égard? Vous facilitez à quelqu'un les moyens de jeter à l'eau, malgré lui, une moitié de son bien : faut-il qu'il soit votre obligé?

Enfin, l'exposé des motifs suppute l'effet financier que produira le tarif de la nouvelle redevance fixe dans les termes suivants (p. 15) :

« La superficie totale des mines actuellement concédées est
» de 1,091,582 hectares, répartis entre 1,329 concessions,
» dont 491 seulement sont exploitées. En admettant que l'effet
» de la loi soit de *réduire la superficie imposable à la moitié seu-*
» *lement de la superficie actuellement concédée*, et que le taux moyen
» soit de 2 francs par hectare (chiffre correspondant à une
» superficie de 100 à 500 hectares par mine), la redevance fixe
» produirait environ 1,100,000 francs au lieu de 106,994 francs
» (chiffre effectif de 1884).

Ainsi donc, c'est chose admise : non seulement on espère que la nouvelle redevance fixe aura pour effet de contraindre les concessionnaires des mines de la France à réduire de moitié au moins le total des étendues superficielles de leurs concessions, mais ou y compte.

Lorsque les législateurs de 1791 commirent la faute de réduire despotiquement à six lieues carrées soit 120 kilomètres carrés (1) l'étendue des anciennes concessions plus vastes, on dit avec raison que la mesure était *injuste* et *rétroactive*... que dire alors de l'article 85 du projet de loi, lequel *enlèvera indirectement mais forcément et inévitablement, c'est-à-dire avec une violence déguisée, à l'ensemble des concessionnaires des mines de la France* la moitié de la contenance de leurs concessions de mines ? Ce sera une *spoliation rétroactive ;* cet article violera tout à la fois les principes de l'éternelle justice et l'une des maximes fondamentales de notre droit public français.

Ce serait assez, ce semble, pour faire repousser péremptoirement le système de redevances fixes du nouveau projet de loi ; mais la question, en raison de son importance dominante, mérite et comporte encore d'autres développements.

Que fera-t-on des périmètres qui deviendraient libres, lorsque les concessionnaires des mines pour lesquelles la nouvelle redevance fixe « sera intolérable » y auront renoncé ? les accordera-t-on de nouveau à d'autres personnes, d'après le système d'attribution à l'inventeur ? ou bien, admettra-t-on, conformément à l'article 21 du projet, que dans certaines régions, les parties des périmètres de concessions de mines, auxquels les titulaires ont été forcés de renoncer pour échapper à la nouvelle redevance fixe, seront attribuées par voie d'adjudication au profit de l'État ? Mais alors il n'y aura plus seulement *spoliation*, il y aura *confiscation*.

---

(1) Articles 4 et 5 du titre Ier de la loi du 28 juillet 1791.

On se demande véritablement quand on déduit, comme nous le faisons, toutes les conséquences de l'article 85 du projet de loi, si l'auteur de ce projet a bien réfléchi à toutes ces conséquences; au double point de vue de la violation de notre droit public en ce qui touche la rétroactivité et de la violation de cette loi morale qui s'impose au gouvernement comme aux individus, et vers laquelle doivent tendre toutes les lois positives, au fur et à mesure qu'elles se perfectionnent.

Qu'on n'aille pas croire que nous exagérons, lorsque nous ferons entrevoir les conséquences désastreuses qu'auraient les nouvelles redevances fixes du projet de loi.

Un exemple va démontrer le contraire : il sera tiré du département de la Loire. Grüner, dont on peut dire sans flatterie que les éminents travaux de géologie pratique dans le département de la Loire sont une des œuvres les plus remarquables que le Corps des mines puisse invoquer à l'honneur d'un de ses membres, avait établi, dès 1847, que le système houiller de Rive-de-Gier doit se prolonger vers l'Ouest en dessous du système de Saint-Étienne, et qu'on doit y rencontrer particulièrement la grande couche de Rive-de-Gier, laquelle présente en différents points une épaisseur très considérable, variant de 3 mètres jusqu'à 10 mètres. Les indications de Grüner ont donné lieu à des réussites qu'il n'y a pas lieu de rappeler ici. Ces indications, émanant d'un géologue compétent et consciencieux, devaient particulièrement tenter les propriétaires de la concession de Saint-Chamond (concession de 3,500 hectares de superficie), située entre Rive-de-Gier et Saint-Étienne et où l'extraction est forcément bornée, parce qu'on n'y connaît encore que des couches de houille appartenant à un système supérieur à celui dit de Rive-de-Gier, et moins avantageuses à exploiter. Deux grands travaux ont été entrepris dans la concession de Saint-Chamond, pour y rechercher en profondeur le système houiller de Rive-de-Gier, savoir le puits Saint-Luc et le puits

du Fay. Le puits Saint-Luc, entrepris dès 1847, fut prolongé
jusqu'à 680 mètres et il y fut adjoint une galerie à travers
bancs de 676 mètres, entreprise au fonds du puits, sans qu'on
pût atteindre la couche de Rive-de-Gier. Nous renvoyons à
l'ouvrage de Grüner pour l'historique du puits Saint-Luc (1).
Plus tard, à 2,520 mètres à l'ouest du puits Saint-Luc, la Compagnie de Saint-Chamond entreprit le foncement du puits du
Fay, toujours pour rechercher la couche de Rive-de-Gier, que
Grüner dit devoir être accessible en ce point; mais une source,
rencontrée à la profondeur de 600 mètres, a forcé d'abandonner
les travaux en novembre 1881. Or, la vaillante Société de Saint-
Chamond n'a pas renoncé à tirer parti de sa concession étendue, pour y rechercher en profondeur le système houiller de
Rive-de-Gier, soit en essayant le dénoyage du puits du Fay,
soit en fonçant un nouveau puits en un autre point de son
vaste périmètre. Si le chiffre actuel de la redevance fixe est
maintenu, cette redevance, étant de 350 francs seulement pour
un périmètre de 3,500 hectares, n'empêchera pas la Compagnie de Saint-Chamond de poursuivre, comme elle l'a fait déjà,
la recherche en profondeur du système de Rive-de-Gier; mais
si les nouvelles redevances fixes étaient admises, une double
impossibilité empêcherait la Société de Saint-Chamond de poursuivre de pareils travaux. Premièrement, avec le tarif de l'article 85 du projet, la redevance fixe à payer pour un périmètre
de 3,500 hectares serait de 15,750 francs. Or, la Compagnie
de Saint-Chamond, qui ne réalise depuis quelques années, aucun
bénéfice sur les couches peu puissantes du système houiller qu'elle
exploite, au-dessus de celui de Rive-de-Gier, et qui ne paie en
ce moment aucune redevance proportionnelle à l'État, ne trouverait aucune compensation dans la réduction de la redevance
proportionnelle de 5,5 à 3 0/0, spécifiée par l'article 86 du

---

(1) *Étude de gîtes minéraux de la France. Bassin houiller de la Loire, 1882.*

projet, et il lui serait très dur de payer un surcroît d'impôt annuel de 17,400 francs afférent à la redevance fixe. Secondement, c'est en raison de la grande étendue de la surface de sa concession (3,500 hectares) que la Compagnie de Saint-Chamond se sent incitée elle-même à rechercher en profondeur les couches de Rive-de-Gier, et qu'elle peut appeler des capitaux étrangers à y concourir, en raison de la réserve minérale énorme à espérer en cas de réussite. Si la redevance spécifiée à l'article 85, est admise, tout est perdu pour la Compagnie de Saint-Chamond : plus d'espoir de réaliser les sommes énormes enfouies par le passé dans les puits Saint-Luc et du Fay : plus d'espoir d'exploitations nouvelles dans l'avenir. Si Grüner pouvait sortir de sa tombe, lui qui a tant aidé et tant aimé, on peut le dire, l'industrie houillère de la Loire, et qui l'a aidée avec tant de désintéressement, il demanderait grâce pour la Compagnie de Saint-Chamond : mais si Grüner n'est plus, il y a au Conseil général des mines un inspecteur général chargé de la Loire et qui connaît parfaitement l'historique des travaux de la Compagnie de Saint-Chamond, lequel pourra démontrer, au besoin, combien l'application d'une redevance fixe de 4 fr. 50 c. serait désastreuse pour cette Compagnie. Nous avons cité l'exemple de Saint-Chamond, pour sortir du domaine de la théorie : or il y a beaucoup de mines en France qui sont dans un cas analogue.

L'exposé des motifs, en voulant justifier le tarif progressif spécifié par l'article 85 du projet pour la redevance fixe, et le tarif de 3 0/0, au lieu de 5,5 0/0, pour la redevance proportionnelle, s'exprime de la sorte (p. 151) :

« *La diminution d'environ 4 million de recettes, provenant de la re-*
» *devance proportionnelle serait donc compensée par une augmentation*
» *équivalente de recettes provenant de la redevance fixe.* »

Est-ce bien sérieusement qu'on parle ici de *compensation ?* Y aura-t-il vraiment compensation pour la Compagnie de Saint-

Chamond dont nous parlions tout à l'heure (qui n'a pas payé de redevance proportionnelle en 1885), si *le fisc prend 15,750 francs* au lieu de 350 francs *dans sa poche,* à titre de redevance fixe, pour les mettre dans la poche *d'une autre Compagnie houillère* dont la redevance proportionnelle serait diminuée d'autant ?

Terminons sur le relèvement de la redevance fixe, de 10 centimes à 3 fr. 50 c. et 4 fr. 50 c. par hectare, écrit à l'article 85 du projet. En droit, ce projet violerait le principe de non-rétroactivité écrit dans notre droit public, et les principes de la plus élémentaire morale. En fait, il aurait les effets les plus funestes pour l'industrie minérale de la France : au regard des exploitants, tout d'abord, parce qu'il leur enlèverait la possibilité de s'appuyer sur les réserves minérales correspondantes aux périmètres de leurs concessions actuelles pour consacrer leurs propres capitaux à de grands travaux d'installation extérieure ou intérieure, ou bien pour y appeler, avec garantie, les capitaux des tiers ; vis-à-vis des ouvriers enfin, le projet conduirait à des conséquences douloureuses, car ce sont les grands périmètres, nous l'avons dit, qui peuvent permettre, par des installations puissantes et un outillage perfectionné, de diminuer certaines parties du prix de revient étrangères à la main-d'œuvre, et, de pouvoir augmenter ensuite, dans une certaine proportion, la partie du prix de revient afférente au salaire, celle qui constitue *le bien de l'ouvrier.*

Un mot encore : nous comprenons que le nouveau projet de loi ne contienne plus cette déclaration magistrale de l'article 7 de la loi du 21 avril 1810 : « il (l'acte de concession) donne la » propriété perpétuelle de la mine, laquelle est dès lors, » disponible et transmissible comme tous autres biens, et dont » on ne peut être exproprié que dans les cas et selon les » formes prévues par le Code civil et le Code de procédure » civile. »

Il eût été imprudent, aussi, de faire une déclaration

parcille, en ce qui concerne l'étendue des propriétés de mines, alors que l'augmentation de la redevance fixe aura pour effet (c'est l'exposé des motifs qui le dit), « *de réduire la superficie imposable à la moitié* », c'est-à-dire, *d'exproprier sans indemnité l'ensemble des mines de la France de la moitié de l'étendue qu'elles possèdent actuellement.*

Nous espérons que les législateurs, mieux inspirés, sauront maintenir le vieil article 7 de la loi de 1810, avec les justes restrictions précédemment mentionnées : ils le maintiendront dans la forme, ce qui est déjà quelque chose pour la sécurité à donner aux capitaux engagés dans les mines; ils le maintiendront en fait, dans le cas actuel, en ce qui concerne l'étendue de la propriété minérale, en ne permettant pas qu'un nouveau système de redevances fixes ou progressives enlève, à l'ensemble des propriétaires de mines, la moitié de l'étendue de leurs propriétés : et ce sera justice.

Occupons-nous, maintenant, de la redevance proportionnelle :

L'article 86 du projet réduit à 3 0/0 la redevance proportionnelle sur les mines, qui est actuellement de 5,5 0/0, décime compris.

Mais pour emprunter un terme au commerce, peut-on dire que cette offre soit ferme ? L'exposé des motifs tendrait à faire croire le contraire : l'exposé des motifs dit en effet (p. 15) :

« Par suite de la création de cet impôt de surface, il était impos- » sible, dans l'état actuel de notre industrie, de maintenir la rede- » vance proportionnelle au taux actuel de 5,5 0/0. On l'a donc » ramenée à 3 0/0... La diminution d'environ 1 million de » recettes, provenant de la redevance proportionnelle, serait » donc compensée par une *augmentation équivalente* de recettes » provenant de la redevance fixe. »

L'équivalence dont il est ici question, tend à faire croire que si l'augmentation de la redevance fixe était repoussée, comme nous le demandons, le gouvernement retirerait du projet de loi déposé par lui, l'offre de réduire de 5,5 à 3 0/0 le taux de la redevance proportionnelle sur les mines. Quoi qu'il en soit, nous allons étudier sommairement quelles sont les bases les plus équitables de l'assiette de la redevance proportionnelle, en regard des dispositions du projet de loi sur ce sujet.

L'article 35 de la loi de 1810 proclame cette maxime formelle, qu'« *elle* (la redevance proportionnelle) *ne pourra jamais s'élever* » *au-dessus de cinq pour cent du produit net.* » De son côté, l'article 37 de la même loi porte que « *le dégrèvement sera de* » *droit quand l'exploitant justifiera que sa redevance excède cinq pour cent* » *du produit net de son exploitation.* » C'est cette maxime limitative, affirmée dans deux articles de la loi organique des mines, dont les exploitants demandent l'application, et l'équité la demande avec eux.

Les articles 35 et 37 disent *produit net,* sans autre explication, ce qui eût été vraiment inutile : le mot « *produit net* », tout court, ne pouvant signifier autre chose que *produit net réel.* C'est assez dire que nous repoussons formellement, au nom de la justice et de la liberté, tout établissement de la redevance proportionnelle des mines sur un prétendu *revenu conventionnel fiscal,* qui serait essentiellement arbitraire.

C'est sur le *produit net réel de la mine* que la redevance proportionnelle doit être établie : et cet impôt deviendra d'autant plus juste, dans la pratique, qu'il se rapprochera de plus en plus de ce *desideratum* d'équité. A notre époque, les revenus nets annuels, distribués par les différentes sociétés de mines sont assez facilement connus pour qu'il répugne au Gouvernement d'asseoir, pendant de trop longues années, la redevance proportionnelle des mines sur des revenus nets par trop supérieurs à ceux que touchent les actionnaires. A cette occasion, nous devons le constater, la jurisprudence du Conseil d'État, depuis un certain nombre d'années, tend de plus en plus à

14

établir la redevance proportionnelle, comme un impôt sur le bénéfice effectivement réalisé et justifié, c'est-à-dire, sur le produit net réel.

Ce que nous demandons, en conséquence, c'est le maintien de cet état de choses : confiants dans la jurisprudence du Conseil d'État, nous savons que des circulaires administratives, s'inspirant de cette jurisprudence, viendront successivement, lorsqu'il sera nécessaire, faciliter la pratique équitable de l'établissement de la redevance proportionnelle.

Quoique le décret-loi du 6 mai 1811, relatif aux redevances, ait fait, par son article 39, la règle de ce qui devait être un maximum, en spécifiant que la redevance proportionnelle serait égale au vingtième, soit à cinq pour cent du produit réel de l'exploitation, et qu'il ait ainsi transformé cette redevance, au point de vue de son chiffre, en impôt de quotité, nous ne demandons pas l'abrogation du décret du 6 mai 1811, écrite à l'article 151 du projet de loi; nous demandons au contraire son maintien, particulièrement en ce qui touche l'action importante du comité d'évaluation et l'instruction des demandes en réduction de la redevance proportionnelle. Le Comité d'évaluation, qui exerce, il faut le dire, le rôle dominant, est, on le sait, composé comme il suit : « du préfet, de deux membres du conseil général nommés par le préfet, du directeur des contributions, de l'Ingénieur des mines et de deux des principaux propriétaires de mines dans les départements où il y a un nombre d'exploitations suffisant » (art. 24 du décret du 6 mai 1811). L'administration est suffisamment représentée dans ce comité pour y défendre les intérêts du Trésor, et voir de très près la véritable vie financière des exploitations de mines; d'autre part, les exploitants, y figurant au nombre de deux, ont la certitude d'être entendus dans la défense de leurs intérêts propres. Or ils tiennent à cette certitude, assurée par le décret du 6 mai 1811, en même temps qu'à la procédure de l'instruction des demandes en réduction ou décharge de la redevance proportionnelle, organisée par ledit décret avec expertise, décision du Conseil de préfecture et recours au Conseil d'Etat ; cette procédure offre les garanties désirables pour les exploitants comme pour le Trésor.

Par ce double motif du maintien du comité d'évaluation et de la procédure pour l'instruction des demandes en réduction de la redevance, les exploitants de mines ne peuvent que protester contre le système organisé par l'article 86 du projet. Dans ce système, la déclaration du produit net, faite par l'exploitant pour l'extraction de l'année précédente, serait vérifiée, *s'il y a lieu*, en cours d'exercice par voie d'expertise ordonnée par le Préfet ; et si le produit net déclaré se trouvait inférieur de 10 0/0 au produit réel, l'exploitant, par une sorte de « *punition à forfait* », serait condamné à payer, au lieu de 3 0/0, 5 0/0 du produit net arrêté par le Conseil de préfecture, avec les frais d'expertise en sus.

L'exposé des motifs invoque cette circonstance, que « ce système se rapproche du système suivi par l'Enregistrement qui a fait depuis longtemps ses preuves » : cela ne le justifie point. Tout d'abord nous n'avons pas à nous occuper ici de tarifs d'Enregistrement; nous nous bornons à dire qu'il n'y a rien de commun entre les déclarations d'un fait isolé, comme ceux dont s'occupe l'Enregistrement (une vente, un marché, etc.), et une déclaration périodique, une déclaration annuelle pour l'assiette d'un impôt essentiellement mobile comme celui qui porte sur le revenu net d'une mine. On n'ignore pas, en effet, que par suite de travaux et autres circonstances variables, mais très fréquentes dans l'exploitation des mines, le revenu net peut varier du simple au double, et tomber à zéro ou en dessous de zéro, d'une année à l'autre. En outre, lorsqu'il s'agit d'évaluer le revenu net d'une mine par l'établissement du produit brut d'une part, et par l'établissement des dépenses à déduire d'autre part, le représentant de l'administration et l'exploitant peuvent, en étant de bonne foi tous les deux, arriver à de très *grandes divergences* dans le résultat final. Pourquoi dès lors infliger une surtaxe de 2 0/0, avec les frais d'expertise en sus à l'exploitant, si sa déclaration accuse un produit net inférieur de 1/10 à celui qui sera fixé par une expertise? Que les frais d'expertise soient à la charge de celui qui succombe, c'est de droit commun; mais que l'exploitant subisse nécessairement lorsqu'il y aura l'écart de 1/10 spécifié ci-dessus, une sorte *d'amende* de 2 0/0 du produit net, c'est ce qui est *injuste et arbitraire*. Ce qui est juste, c'est que les choses se passent comme aujourd'hui : à savoir, qu'après la décision du Conseil de préfecture et l'arrêt du Conseil d'Etat, *l'exploitant* ait sa redevance fixée d'après le produit net admis par le Conseil d'Etat, mais *au même taux, au même tantième du produit net que tout le monde*. C'est la stricte justice au regard de l'exploitant mis en cause; mais en voyant les choses de plus haut, et au point de vue général, comme doit faire le législateur, c'est à l'avantage de tout le monde. En effet, dans l'état de choses actuel, quand la jurisprudence du Conseil d'Etat a établi un point doctrinal en matière de réclamations pour redevances soit à l'avantage, soit au détriment de l'exploitant mis en cause, cette doctrine sert désormais d'avertissement à tout le monde, aux autres exploitants, à l'administration des mines, et aux différents Conseils de préfecture. Tout concourt donc à maintenir l'état présent des choses, tel qu'il résulte du décret du 6 mai 1811, et à repousser l'article 86 du projet. Il y a lieu également de repousser les articles 87 et 88, attendu qu'en matière de redevances, le décret-loi du 6 mai 1811, complété par le décret du 11 février 1874, constitue pour le moment, du moins, un règlement d'administration publique suffisant, sans qu'il y ait lieu d'en prévoir un autre.

Quant à l'article 89 du projet, il règle le privilège du Trésor public ; et, d'autre part, il porte que la déchéance de la mine peut être prononcée à défaut de payement de la redevance fixe pendant deux annés consécutives. Nous estimons que ce serait la seule disposition du titre VII du projet de loi à adjoindre au texte actuel de la loi du 21 avril 1810, où elle trouverait sa place naturelle dans deux paragraphes additionnels à l'article 37. Nous reconnaissons que le fait de ne pas payer la redevance fixe doit pouvoir constituer, pour le gouvernement, la faculté de prononcer le retrait de la concession ; nous ajouterons même qu'il y a presque un précédent à cet égard. Ainsi l'arrêté du ministre des travaux publics du 11 janvier 1874, confirmé le 26 mai 1876 par un arrêt au contentieux du Conseil d'Etat, a prononcé la déchéance des mines de houille de Ferques (Pas-de-Calais), alors que les propriétaires de la mine ne payaient pas la redevance fixe et laissaient la mine inexploitée. Seulement, comme c'est toujours grave de spécifier un nouveau cas de retrait de concession, nous demanderions de porter de deux ans à trois ans le laps de temps mentionné tout à l'heure. Nous proposerions, en conséquence, d'adjoindre à l'article 37 de la loi de 1810 les deux paragraphes suivants.

§ 3. *Le privilège du trésor public pour le recouvrement des redevances est réglé ainsi qu'il suit, et s'exerce avant tout autre pour l'année échue et l'année courante, savoir : 1° sur les produits, loyers, et revenus de toute nature de la mine; 2° sur tous les meubles et autres effets mobiliers appartenant aux redevables en quelque lieu qu'ils se trouvent.*

§ 4. *En outre, à défaut de paiement pendant trois années consécutives de la redevance fixe, le retrait de la concession peut être prononcé dans les formes spécifiées à l'article 6 de la loi du 27 avril 1838.*

Il va sans dire que dans ces conditions, le premier paragraphe modifié de l'article 7 de la loi de 1810 devrait se terminer ainsi : « *Sous la réserve résultant de l'article 49 et de l'article 37 de la présente loi et des dispositions de la loi du 27 avril 1838.*

En conséquence de tout ce qui précède, nous proposerions de rédiger comme il suit le titre IV, section II, de la loi du 21 avril 1810 (art. 32 à 46) ;

Art. 32. — L'exploitation des mines n'est pas considérée comme un commerce et n'est pas sujette à patente.

Il en est de même de leur recherche.

Art. 33. — Texte actuel.

Art. 34. — La redevance fixe sera annuelle et réglée *par l'acte de concession* d'après l'étendue de celle-ci : elle sera de 10 fr. par kilomètre carré (1).

La redevance proportionnelle sera une contribution annuelle à laquelle les mines seront assujéties sur leurs produits.

Art. 35. — Texte actuel.

Art. 36. — Texte actuel.

Art. 37. — La redevance proportionnelle sera imposée et perçue comme la contribution foncière.

§ 2. Les réclamations à fin de dégrèvement ou de rappel à l'égalité proportionnelle seront jugées par le Conseil de préfecture. Le dégrèvement sera de droit quand l'exploitant justifiera que sa redevance excède cinq pour cent du produit net de son exploitation.

§ 3. *Le privilège du trésor public pour le recouvrement, etc.*, comme il a été dit tout à l'heure (p. 109).

§ 4. *En outre, à défaut de paiement de la redevance, etc.*, comme il a été dit tout à l'heure (p. 109).

Art. 38. — Texte actuel.

L'article 38 de la loi de 1810, spécial à la remise de la redevance, mérite d'être maintenu en principe pour le présent et pour l'avenir. On en a fait, dans le passé, de fréquentes applications, car on en compte vingt-cinq de 1828 à 1868, et il

---

(1) La modification proposée ne fait que remédier à l'incorrection de la rédaction actuelle, en réparant l'omission qui fut commise en 1810 (Voir Locré, p. 322).

peut arriver dans l'avenir qu'il y ait lieu d'en faire de fort utiles.

Art. 39. — A abroger.

L'article 39 de la loi de 1810, qui spécifiait l'emploi des redevances, a été virtuellement abrogé par la loi de finances du 23 septembre 1815 (art. 20), qui a supprimé les fonds spéciaux.

Mais l'abrogation expresse dudit article aurait l'avantage de faire cesser désormais tout doute, toutes réclamations, toutes revendications éventuelles au sujet de l'affectation spéciale des redevances, de quelque côté qu'elles pussent venir.

D'une part, ce maintien, dans la loi des mines, du texte de l'article 39 peut faire naître des illusions chez les concessionnaires, en leur faisant espérer éventuellement une subvention de l'État, prise sur les redevances, pour les aider dans leurs travaux de recherche ou d'exploitation.

D'autre part, cet article 39 peut faire croire à tort aux ouvriers qu'il fournirait, en cas de grève, des fonds tout prêts pour la mainmise de l'État sur les mines, et permettrait ainsi à l'État de se faire exploitant pendant toute la durée de la grève. Il faut donc abroger l'article 39. Les revendications formulées pendant la grève de Decazeville pourraient, s'il était nécessaire, fournir un enseignement à cet égard et un argument pour l'abrogation.

Art. 40. — Maintien du texte actuel.

Art. 41. — Maintien du texte actuel.

Pour toutes les concessions antérieures à la loi de 1810, et elles sont nombreuses et importantes en France (Anzin, Carmaux, la Grand'Combe, Bessèges, Rochebelle, Boussagues à Graissessac, etc.), les articles 40 et 41 sont un *titre vivant*. Ils sont le principe d'une application toujours actuelle et persistante, en vertu de laquelle les anciens concessionnaires, assujettis du reste au paiement des redevances fixe et proportionnelle par les articles 52 et 54 qu'il faut conserver, *sont et demeurent dispensés des anciennes redevances dues à l'État.*

Il y a donc tout motif de maintenir ces articles 40 et 41 dans la loi des mines révisée, attendu qu'en fait d'obligations fiscales, la loi ne saurait être trop claire. Il est, du reste, un fait judiciaire qu'il faut citer comme preuve palpable de cette assertion, que les articles 40 et 41 de la loi de 1810, loin de n'avoir qu'un caractère transitoire, peuvent être d'une application actuelle : ce fait se rapporte à la Belgique, où la loi des mines du 21 avril 1810 est en vigueur dans presque toutes ses dispositions. C'est un arrêt important de la Cour de cassation belge du 2 février 1865, intervenu dans un procès entre la Société des mines de Sclessin et le bureau de bienfaisance de Liège, lequel a fait une application expresse de l'article 40 de la loi de 1810.

En ce qui concerne les articles 42 à 46 de la loi de 1810, nous dirons sommairement :

Art. 42. — Texte actuel (sauf l'addition d'un paragraphe additionnel qui sera discuté à l'occasion de l'article 138 du projet de loi).

Art. 43. — Texte actuel (sauf l'addition d'un paragraphe 8 mentionné précédemment à l'occasion de l'article 69 du projet : § 8. *Lorsqu'une construction, etc., etc.*)

Art. 44. — Texte actuel.

Art. 45. — 1er §. (Texte actuel de l'article 45). § 2, § 3, § 4, § 5 et § 6, paragraphes additionnels conçus comme il a été dit précédemment à l'occasion des articles 75, 76, 77, 78 et 80 à 83 du projet de loi.

Art. 46. — Texte actuel modifié ainsi qu'il a été dit précédemment à l'occasion des articles 22 et 41 du projet.

TITRE VIII.

Surveillance de l'exploitation des mines par l'Administration.

Les articles 90 à 102, au nombre de 13, lesquels constituent le titre VIII, concernant la *Surveillance de l'exploitation des mines par l'Administration*, méritent d'être étudiés dans leur ensemble, avant d'être examinés en détail; et tout d'abord, il y a lieu de les rapprocher de l'article 151 et dernier du projet de loi, lequel est ainsi conçu:

Art. 151

« A partir de la mise en vigueur de la présente loi, seront
» abrogés:
» 1° La loi du 21 avril 1810 avec les modifications qui y ont
» été introduites par les lois des 9 mai 1866 et 27 juillet 1880;
» 2° La loi du 27 avril 1838;
» 3° Les articles 1 à 4 de la loi du 17 juin 1840;
» 4° Les décrets des 18 novembre 1810, 6 mai 1811 et 3 jan-
» vier 1813;
» 5° Les ordonnances du 7 mars 1841 sur le sel; du 23 mai
» 1841 pour l'exécution de la loi du 27 avril 1838; du 18 avril
» 1842; du 26 mars 1843;
» 6° Le décret du 23 octobre 1852;
» 7° Le décret du 11 février 1874, sur les redevances;
» 8° Le décret du 25 septembre 1882, et généralement tou-
tes les dispositions des lois, décrets et ordonnances contraires à celles de la présente loi. »

On voit que le projet de loi, en ce qui concerne la surveillance des mines par l'Administration, fait *table rase* des décrets et ordonnances existants sur cette matière: ceux-ci, au nombre de cinq, tous rendus le Conseil d'État entendu, sont, en raison

Art. 90

L'exploitation des mines est soumise à la surveillance de l'administration en vue de pourvoir à la conservation de la mine et des mines voisines, des voies publiques et de leurs dépendances, des sources alimentant des villes, villages, hameaux et établissements publics, ainsi qu'à la sécurité des ouvriers mineurs et des habitants de la surface.

Art. 91

Cette surveillance s'exerce sous l'autorité du Ministre des Travaux publics, par le Préfet assisté des Ingénieurs des mines, et agents sous leurs ordres.

Des règlements d'administration publique déterminent les obligations auxquelles doit être soumise la conduite des travaux.

Le Ministre des Travaux publics peut rendre, en conformité et par délégation de ces décrets, des arrêtés réglementaires généraux ou locaux.

Le Préfet prescrit, l'exploitant entendu, les mesures spéciales nécessitées par les circonstances.

A défaut par l'exploitant de se conformer, après mise en demeure, aux mesures à lui prescrites aux fins de l'article précédent, elles peuvent être exécutées d'office, à ses frais, par les soins des Ingénieurs des mines. Les frais, rendus exécutoires par le Préfet, sont recouvrés comme en matière de contributions directes. A défaut de payement après sommation, la déchéance de la propriété peut être prononcée.

de leur généralité, des *règlements rendus dans la forme de règlement d'administration publique;* nous devons en rappeler l'énumération explicative :

Décret du *18 novembre 1810,* contenant organisation du corps des Ingénieurs des mines ;

Décret du *3 janvier 1813* contenant des dispositions de police relatives à l'exploitation des mines ;

Ordonnance du *18 avril 1842,* prescrivant à tout propriétaire de mines un domicile administratif ;

Ordonnance du *26 mars 1843,* portant règlement d'administration publique pour l'exécution de l'article 50 de la loi du 21 avril 1810 ;

Décret du *25 septembre 1882* qui modifie les articles 1, 3, 4 et 6 de l'ordonnance du 26 mars 1843, portant règlement d'administration publique pour l'exécution de l'article 50 de la loi du 21 avril 1810, modifiée par la loi du 27 juillet 1880.

Or, deux observations principales doivent être faites au sujet de cette abrogation générale des règlements concernant la police et la surveillance administrative des mines.

Première observation.

Le décret du 3 janvier 1813, bien connu de tous les exploitants, très bien connu aussi de tous les magistrats qui l'appliquent, contient 31 articles, dont trois formulent des obligations positives que les concessionnaires ont à remplir vis-à-vis des ouvriers; ce sont les articles 15, 16 et 20, ainsi conçus :

Art. 15

« Les exploitants seront tenus d'entretenir sur leurs établissements, dans la proportion du nombre des ouvriers et de l'étendue de l'exploitation, les médicaments et les moyens de secours qui leur seront indiqués par le Ministre de l'intérieur, et de se conformer à l'instruction réglementaire qui sera approuvée par lui à cet effet. »

Art. 16

« Le Ministre de l'intérieur, sur la proposition des Préfets et le rapport du directeur général des mines, indiquera celles de ces exploitations qui, par leur importance et le nombre des ouvriers qu'elles emploient, devront avoir et entretenir à leurs frais un chirurgien spécialement attaché au service de l'établissement.

» Un seul chirurgien pourra être attaché à plusieurs établissements à la fois, si ces établissements se trouvent dans un rapprochement convenable. Son traitement sera à la charge des propriétaires, proportionnellement à leur intérêt. »

Art. 20.

« Les dépenses qu'exigeront les secours donnés aux blessés, noyés ou asphyxiés, et la réparation des travaux, seront à la charge des exploitants. »

Ces trois articles, dont l'importance économique est connue de toutes les personnes s'occupant de la pratique des mines, se trouveraient abrogés, comme tous les autres articles du décret de 1813, par l'article 151 du projet de loi : or est-il prudent, est-il régulier d'abroger ainsi des articles contenant des dispositions aussi importantes avant d'avoir rien mis à leur place? Faut-il aller au-devant des difficultés d'ordre public que pourrait causer un pareil intérim? Non, répondrons-nous résolument.

Deuxième observation.

Le titre V de la loi du 21 avril 1810 relatif « *à l'exercice de la surveillance des mines par l'administration* » contient quatre articles seulement, tandis que le titre VIII du projet de loi concernant *la surveillance de l'exploitation des mines par l'administration* en contient treize. Cette différence tient à ce que dans le titre VIII du projet de loi, on a introduit un certain nombre de dispositions d'ordre purement réglementaire prises pour la plupart, sauf modifications, au décret du 3 janvier 1813, à l'ordonnance du 26 mars 1843 et au décret du 25 septembre 1882, qui sont *les règlements existants*. Or est-ce une bonne chose, alors qu'on doit vouloir une loi organique des mines *stable*, une loi non susceptible d'être périodiquement et à courts intervalles discutée et remise en question, est-ce un bien, dirons-nous, d'introduire *a priori* dans cette loi des dispositions *d'ordre réglementaire*, et par suite forcément changeantes? Les règlements concernant la surveillance des mines peuvent changer de temps en temps; ils le doivent même, pour être au courant des nécessités de l'art des mines, tandis qu'il est très important, au contraire, que la loi organique des mines, laquelle sert de fondement à la propriété minérale, ne soit modifiée que très rarement. Faire le contraire, serait ébranler, dans l'esprit du public, la solidité même et la légitimité de la propriété des mines; or cette solidité est nécessaire à l'intérêt général, nécessaire aux exploitants, nécessaire aussi aux ouvriers mineurs, lesquels n'ont qu'à perdre à la dépréciation d'une propriété qui les fait vivre.

En thèse générale, ce sont surtout les questions de peines et les questions d'impôts qui différencient les lois des règlements, le règlement n'allant jamais, sauf délégation expresse de la loi, jusqu'à édicter une peine, ni établir un impôt; mais en matière de mines, la différence doit être plus tranchée encore, en raison de la nature essentiellement variable des règlements; il importe spécialement de se borner à mettre dans la loi les principes généraux, en réservant les détails pour les règlements.

Ce fait du projet de loi d'avoir introduit dans le titre VIII quelques-unes des dispositions des règlements qu'il a abrogés à l'article 151 a un autre inconvénient : c'est que toutes les dispositions utiles de ces règlements abrogés n'étant pas insérées dans le titre VIII de la loi, il se passera *un intérim fâcheux* pendant lequel quelques-unes de ces dispositions abrogées, non écrites dans la loi nouvelle, feront défaut d'ici à ce que les règlements d'administration publique, spécifiés à l'article 150 du projet, aient été publiés. On sait l'importance des règlements d'administration publique ; or cette importance même nécessite une certaine lenteur dans leur préparation : les faits sont là pour démontrer qu'en matière de mines, cette lenteur est nécessaire ; je me borne à rappeler à cet égard que le règlement d'administration publique, annoncé par l'article 1er de la loi du 27 avril 1838, relative à l'asséchement et à l'exploitation des mines, s'est fait attendre pendant trois ans, puisqu'il est contenu dans l'ordonnance du 23 mai 1841. Or, un pareil intérim ne serait pas à craindre ; il ne pourrait pas avoir lieu si l'on ajoute, comme nous le proposons, à l'article 47 de la loi de 1810, un nouveau paragraphe additionnel ainsi conçu (sans préjudice du paragraphe proposé à l'occasion de l'article 47 du projet de loi et se rapportant au domicile des concessionnaires).

§ 2. *Des règlements d'administration publique seront rendus, sur l'avis du Conseil général des mines, pour assurer l'exercice de la surveillance administrative sur les mines, telle qu'elle résulte de la présente loi et pour déterminer les détails d'application de ladite loi, en modifiant, s'il y a lieu, les règlements existants.*

Dans les conditions résultant du paragraphe ci-dessus, *il y aura des règlements existants* jusqu'à l'heure où pourront paraître de nouveaux règlements d'administration publique, préparés et rédigés, avec toute la maturité nécessaire, par le Conseil d'État, après avis du Conseil général des mines.

Et maintenant, étudions successivement les articles 90 à 102 du projet de loi, en tâchant de distinguer ce qui tient aux principes généraux de la surveillance administrative de ce qui se rapporte aux détails.

Comme maximes en fait de surveillance administrative sur les mines, il y a lieu tout d'abord de rappeler les propositions suivantes écrites dans le remarquable exposé des motifs de la loi du 21 avril 1810 :

« L'action de l'administration sur les mines est réduite aux » plus simples termes; elle est renfermée dans le strict besoin » de la société.

» Le corps des Ingénieurs des mines, dont l'organisation » définitive suivra nécessairement de près la publication de » cette loi, portera partout des lumières et des conseils, sans » imposer des lois, sans exercer aucune contrainte sur la direc- » tion des travaux.

» Ils n'auront d'action que pour prévenir les dangers, pour- » voir à la conservation des édifices, à la sûreté des indi- » vidus.

» Ils éclaireront les propriétaires et l'administration ; ils » rechercheront les faits, les constateront et ne statueront » jamais.

» Ce droit est réservé *aux tribunaux ou à l'administration.*

» Il est réservé aux *tribunaux* dans tous les cas de contra- » vention aux lois; eux seuls peuvent prononcer des condamna- » tions ; et cette garantie, Messieurs, doit être d'un grand » prix à vos yeux.

» Ce droit est réservé à *l'administration* si la sûreté publique » est compromise ou si les exploitations restreintes, mal dirigées, » suspendues, laissent des craintes sur les besoins des con- » sommateurs (1). »

On n'avait pas le droit de s'attendre, en ce qui concerne

---

(1) Locré, p. 391.

l'intervention des Ingénieurs, à trouver des doctrines aussi libérales dans un exposé des motifs datant de 1810; mais ces doctrines y sont, et nous estimons que, dans l'intérêt général de l'exploitation des mines, il ne faut pas complètement renier l'esprit de liberté qui s'y manifeste.

L'article 90 du projet dit que « l'exploitation des mines est » soumise à la surveillance de l'administration en vue de pour-» voir à la *conservation de la mine* et des mines voisines, des » *voies publiques* et de leurs dépendances, des *sources alimentant* » *des villes*, villages et établissements publics, ainsi qu'à la » *sécurité des ouvriers mineurs* et des habitants de la surface. »

La *conservation de la mine, celle des voies de communication, celle des sources qui alimentent des villes, villages, hameaux et établissements publics et la sûreté des ouvriers mineurs* sont spécifiées explicitement dans l'article 50 de la loi de 1810, modifié par la loi du 27 juillet 1880, que nous proposons de conserver. D'autre part, *comme la sécurité publique et la solidité des habitations* sont encore spécifiées dans l'article 50, et que la *conservation des édifices et la sûreté du sol* étaient déjà mentionnées dans l'article 47 de la loi actuelle, que nous proposons de conserver, on voit que la *sécurité des habitants de la surface* est ainsi plusieurs fois visée par les articles 47 et 50 de la loi de 1810. Rien ne serait donc à prendre dans l'article 90 du projet que ce qui se rapporte à « *la conservation des mines voisines* »; or, comme ce qui concerne « *les mines voisines* » a été déjà traité en détail, dans l'examen des articles 75 à 83 du projet, et qu'il y est pourvu par les paragraphes 2, 3, 4 et 5 ajoutés à l'article 45 de la loi actuelle, nous concluons à rejeter entièrement l'article 90 du projet.

Nous rejetons également, en raison de ce que nous conservons l'article 47 de la loi de 1810, le premier paragraphe de l'article 90 du projet, qui porte que « la surveillance de l'administration s'exerce sous l'autorité du Ministre des Travaux publics ».

En résumé, nous estimons que l'article 47, l'article 48 et l'article 50 de la loi de 1810 organisent et définissent mieux la surveillance administrative et les fonctions des Ingénieurs des mines que l'article 90, accompagné des deux premiers paragraphes de l'article 91 du projet. En effet, d'une part l'article 47 parle de la *conservation des édifices*, et l'article 50 mentionne la *solidité des habitations*, toutes choses dont ne parle pas le projet de loi, et qui, il faut bien le dire, donnent à l'administration une action *préventive*, laquelle peut, en certains cas, être nécessaire au point de vue de la sécurité des habitants de la surface.

En fait de dégâts aux habitations et aux édifices, il ne suffit pas, en effet, de les payer, comme il est dit soit à l'article 43 de la loi de 1810, soit à l'article 68 du projet; mais il peut être utile ou nécessaire à l'intérêt général de les *prévenir* par des remblais complets, par exemple, et il est bon que l'administration soit autorisée à agir à cet égard, comme elle l'est actuellement par les articles 47 et 50 de la loi de 1810.

Il est un autre point qui nous fait préférer le libellé de la loi actuelle à celui de la loi projetée : c'est le texte de l'article 48 de la loi de 1810, qui n'est pas reproduit dans le projet de loi. Or cet article 48 qui porte que les Ingénieurs des mines « observeront la manière dont l'exploitation sera » faite, soit pour éclairer les propriétaires sur ses inconvé- » nients ou sur son amélioration, soit pour avertir l'adminis- » tration des vices, abus, ou dangers qui s'y trouveraient », mérite d'être conservé pour un double motif : d'une part, il est un juste hommage rendu aux Ingénieurs des mines pour les conseils donnés aux exploitants dans le passé, et un encouragement à continuer ces conseils dans l'avenir; d'autre part, la disposition finale de cet article définit avec précision les attributions générales des Ingénieurs des mines et assure à l'administration une investigation suffisamment étendue.

L'article 47, que nous proposons de conserver, en le révisant, serait accompagné, nous l'avons dit, de deux paragraphes nouveaux, l'un relatif aux *règlements d'administration publique* à intervenir, l'autre concernant le représentant à désigner et le domicile administratif à élire par les explorateurs ou concessionnaires.

Dans le paragraphe 1er de l'article 47, il n'y aurait qu'à substituer le mot « *Ministre des Travaux publics* » au mot « *Ministre de l'intérieur* » de la loi actuelle : nous ne proposerions pas d'y mentionner les agents sous les ordres des Ingénieurs, comme le fait le premier paragraphe de l'article 91 du projet : la mention des agents sous les ordres des Ingénieurs trouvera sa place toute naturelle dans les *règlements d'administration publique à intervenir*, à l'occasion des fonctions qui sont attribuées à ces agents par lesdits règlements.

Rappelons, du reste, que le paragraphe additionnel que nous proposons d'adjoindre à l'article 47 est ainsi conçu :

§ 2. « *Des règlements d'administration publique seront rendus, sur* » *l'avis du Conseil général des mines, pour assurer l'exercice de la* » *surveillance administrative sur les mines, telle qu'elle résulte de la* » *présente loi et pour déterminer les détails d'application des diffé-* » *rentes parties de la loi, en modifiant, s'il y a lieu, les règlements* » *existants.* »

Ce paragraphe additionnel rend inutile le deuxième paragraphe de l'article 91 du projet ; ajoutons qu'en raison des *matières spéciales* à traiter par ces règlements d'administration publique, nous avons cru devoir spécifier explicitement qu'ils seraient rendus sur *l'avis du Conseil général des mines*.

Le troisième paragraphe de l'article 91 du projet comble une lacune réelle de la loi, en ce qui concerne les attributions du Ministre des Travaux publics, en matière de surveillance administrative des mines : nous proposerons donc, pour remplir le même but, d'ajouter à l'article 47 de la loi de 1810 un paragraphe ainsi conçu :

§ 3. *Ces règlements d'administration publique pourront déléguer au Ministre des Travaux publics la faculté de rendre, en conformité de ces décrets, des arrêtés réglementaires généraux ou locaux.*

Le paragraphe 4 serait celui qui concerne le domicile administratif des concessionnaires ou explorateurs, et dont le texte a été donné à propos de l'examen de l'article 47 du projet de loi.

L'article 50 de la loi du 21 avril 1810, que nous proposons de maintenir, contient des prescriptions très importantes en matière de surveillance administrative : nous demanderons seulement, pour que l'application pratique de cet article se fasse conformément à nos mœurs et à un juste principe d'impartialité, que les derniers mots de cet article : « *Il y sera pourvu par le Préfet* », soient remplacé par ceux-ci : « *Il y sera pourvu* » *par le Préfet, sur l'avis des Ingénieurs des mines, les explorateurs* » *ou concessionnaires entendus.* »

Grâce à cette addition, le quatrième paragraphe de l'article 91 du projet, lequel prescrit justement, il faut le dire, que l'exploitant soit entendu, reçoit satisfaction.

Quant au cinquième paragraphe de l'article 91 du projet, nous le citons à raison de son importance :

« A défaut par l'exploitant de se conformer, après mise en » demeure, aux mesures à lui prescrites aux fins de l'article » précédent, elles peuvent être exécutées d'office, à ses frais, » par les soins des Ingénieurs des mines. Les frais, rendus » exécutoires par le Préfet, sont recouvrés comme en matière » de contributions directes. »

Cette première partie du cinquième paragraphe a trait à des dispositions d'ordre réglementaire : ces dispositions sont déjà traitées par l'ordonnance royale du 26 mars 1843, portant règlement d'administration publique pour l'exécution de l'ar-

ticle 50 de la loi du 21 avril 1810, et par le décret du
25 septembre 1882, modifiant les articles 1, 3, 4 et 6 de l'ordonnance du 26 mars 1843, portant règlement d'administration
publique pour l'exécution de la loi du 21 avril 1810, modifiée
par la loi du 27 juillet 1880 ; il n'y a pas lieu d'inscrire ces
dispositions dans la loi organique des mines ; que si, il convient de modifier les dispositions écrites dans les règlements
existants, on le fera dans les règlements d'administration
publique à intervenir, mentionnés à l'article 47 révisé de la
loi de 1810.

Quant à la disposition finale du cinquième paragraphe de
l'article 91 du projet ainsi conçu : « *A défaut de payement, après*
sommation, la déchéance de la propriété peut être prononcée, » elle
est complètement inutile, en raison de ce que la loi du 27 avril
1838, que nous proposons de maintenir, contient un article
ainsi conçu :

« Art. 9. — Dans tous les cas où les lois et règlements sur les
» mines autorisent l'administration à faire exécuter des travaux
» dans les mines aux frais des concessionnaires, le défaut de
» paiement de la part de ceux-ci donnera lieu contre eux à
» l'application des dispositions de l'article 6 de la présente loi,
» (article prescrivant les formes du retrait de la concession). »

Les dispositions de l'article 92 pourraient former un paragraphe additionnel de l'article 50 de la loi de 1810 que nous
proposerions de rédiger comme il suit :

§ 2. *Aucune indemnité n'est due au concessionnaire de mines pour*
tout préjudice résultant de l'application des mesures énoncées dans le
présent article, sous réserve des stipulations de l'article 45 pour les
relations entre exploitants de mines voisines. Toutefois, s'il s'agit d'une
mesure pour la protection d'un chemin de fer, décrété postérieu-
rement à la concession de la mine, il y aura lieu à indemnité due par
le concessionnaire du chemin de fer au concessionnaire de la mine.

Art. 92.

Aucune indemnité n'est due
à l'exploitant pour tout préjudice résultant de l'application
des mesures énoncées aux
deux articles précédents, sous
réserve des stipulation du titre VI pour les relations entre
exploitants de mines voisines.

Toutefois, quand il s'agit
d'une mesure de protection
pour une voie publique ou
l'une de ses dépendances,
dont la déclaration d'utilité
publique est postérieure à

l'institution de la propriété de la mine, l'exploitant devra être indemnisé de la valeur de la partie de ses installations rendue inutile, ou du complément d'installation devenu nécessaire.

Art. 93.

Tout exploitant doit tenir à jour sur place :

1° Un plan des travaux, dont copie doit être envoyée annuellement aux ingénieurs des mines;

2° Un registre d'avancement, dans lequel sont mentionnés les faits importants de l'exploitation et les observations des ingénieurs;

3° Un registre de contrôle journalier des ouvriers occupés dans les travaux;

4° Un registre d'extraction et de vente.

Ce plan et ces registres doivent toujours être représentés aux Ingénieurs des mines et agents sous leurs ordres, sur leur demande.

L'exploitant est tenu de fournir à l'administration les projets de travaux et les renseignements statistiques relatifs à son exploitation, qui lui seraient demandés.

Comme il s'agit ici d'une des questions les plus délicates et les plus controversées du droit des mines, nous avons cru devoir donner au paragraphe additionnel ci-dessus une rédaction générale assez sobre, en laissant à la jurisprudence le soin de régler les détails d'application, suivant les cas.

Toutes les dispositions de l'article 93 du projet de loi sont d'ordre réglementaire, et leur place n'est pas dans la loi, mais bien dans les règlements d'administration publique à intervenir, conformément à l'article 47 modifié de la loi de 1810 : nous nous référons, à cet égard, à ce qui a été dit d'une manière générale dans l'examen des articles 90 et 91 du projet. Ajoutons subsidiairement que la plupart des dispositions de l'article 93 du projet de loi se trouvent, en termes assez équivalents, dans les règlements existants : celles qui ne s'y trouvent pas pourront trouver leur place dans les règlements à intervenir. Ainsi les prescriptions relatives aux plans et registres d'avancement sont mentionnées au décret du 3 janvier 1813, à l'ordonnance du 26 mars 1843 et au décret du 25 septembre 1882, sans parler de l'article 36 du décret du 18 novembre 1810 qui mentionne aussi les plans.

Le registre de contrôle journalier des ouvriers occupés dans les travaux est exigé par les articles 24 et 27 du décret du 3 janvier 1813, sans parler de l'article J du modèle des cahiers des charges de 1882;

La présentation aux Ingénieurs des mines de ces plans et registres est formellement stipulée à l'article 6 du décret du 3 janvier 1813 et à l'article 6 de l'ordonnance du 26 mars 1843, modifiée par le décret du 25 septembre 1882; enfin, le registre d'extraction et de vente, non exigé par les règlements, est mentionné à l'article J du modèle des cahiers des charges de 1882.

Nous le disons donc en terminant sur l'article 93 du projet

de loi : cet article doit être rejeté, sauf à en écrire les dispositions qui sembleront utiles dans les règlements d'administration publique à intervenir, si elles ne figurent point déjà
dans les règlements existants.

Au sujet de l'article 94 du projet, nous dirons de même
qu'il traite de matières qui sont spécialement d'ordre réglementaire et qui ne doivent pas avoir leur place dans une loi
organique des mines. De grâce, pourrions-nous ajouter subsidiairement, « *pas trop de réglementation* » ou bien vous enlevez
trop de sa juste initiative à l'exploitant de mines, qui a d'autre
part une si grave responsabilité ; prenez garde que l'exploitant,
ainsi emprisonné par une réglementation excessive, ne vise à
déverser sur les règlements eux-mêmes une part de sa responsabilité, et qu'il ne vienne à se désintéresser un peu du
résultat, lorsqu'il aura accompli *la lettre* desdits règlements.

Dans les mines, les mesures qui concernent les ouvriers,
constituent une grande partie et souvent la plus grande partie
du règlement : serait-ce une chose pratique, dans une mine
occupant plusieurs milliers d'ouvriers, d'obliger l'exploitant à
remettre à chaque ouvrier l'extrait du règlement spécifié par
le deuxième § de l'article 94 ? Nous n'hésitons pas à répondre
non. L'affichage suffit en pareil cas.

Les prescriptions de l'article 95 du projet, relatives à l'interdiction de l'entrée des travaux aux personnes en état d'ivresse,
et la défense conditionnelle aux personnes étrangères au service
d'entrer dans la mine, sont déjà stipulées à l'article 29, § 2,
du décret du 3 janvier 1813. Il est inutile d'écrire dans la loi
ces dispositions d'ordre réglementaire.

ART. 94.

Le Préfet peut exiger de
l'exploitant qu'il formule dans
un règlement intérieur les
mesures spéciales de précau-
tion à observer par le personnel dans l'intérêt de la
sécurité de l'exploitation.

Ce règlement doit être affiché en permanence sur chaque
centre d'exploitation de la
mine ; il en est remis un extrait, pour les mesures qui le
concernent, à chaque employé
et ouvrier.

ART. 95.

L'entrée des travaux est interdite à toute personne en
état d'ivresse.

Aucune personne étrangère
au service ne peut pénétrer
dans la mine sans la permission de l'exploitant et si elle
n'est accompagnée d'un chef
mineur.

Les deux premiers paragraphes de l'article 96 du projet, qui se rapportent à la visite des mines par les Ingénieurs du gouvernement, ont trait à des dispositions d'ordre purement réglementaire, qui figurent déjà dans l'article 24 du décret du 3 janvier 1813; on pourra modifier, si on le croît nécessaire, cet article 24, par un des règlements d'administration publique à intervenir, mais il n'y a pas lieu de faire figurer des prescriptions de cette nature dans la loi organique des mines.

Le troisième paragraphe relatif à la faculté, par les Ingénieurs des mines, d'interroger, isolément ou en confrontation avec d'autres, tout ingénieur, employé ou ouvrier, soit au chantier, soit dans un local que l'exploitant doit, à cet effet, mettre à leur disposition, n'existe dans aucun des règlements administratifs en vigueur, concernant les mines. Mais c'est là encore une disposition purement réglementaire qui ne doit pas figurer dans la loi organique des mines, et qui pourra trouver sa place dans un des règlements d'administration publique, à intervenir selon ce qui est dit dans le quatrième paragraphe de l'article 47, à réviser, de la loi de 1810. Ajoutons à ce sujet que cette faculté devrait être restreinte aux cas d'accidents, alors que les Ingénieurs des mines ont à procéder à une sorte d'enquête administrative.

Quant au quatrième paragraphe de l'article 96, ainsi conçu :
« Ils (les Ingénieurs des mines) peuvent donner aux arbitres spéciaux
» légalement constitués en cas de grève, les renseignements qu'ils
» auraient recueillis sur les mines soumises à leur surveillance, » nous estimons et disons hautement qu'il ne doit trouver sa place ni dans la loi des mines ni dans un règlement d'administration publique.

La question soulevée par ce paragraphe est d'une haute gravité et mérite des développements.

Les grèves, dans les mines comme dans les différentes

industries, se rapportent à l'une ou à l'autre des trois causes
suivantes, ou à plusieurs de ces trois causes à la fois : ou bien
les ouvriers mécontents d'un employé de la mine demandent
son renvoi, et menacent de ne plus travailler si l'employé mis
à l'index n'est pas renvoyé. C'est une variété de grève qu'on
pourrait appeler *la grève-émeute*. Les exploitants, en pareil cas,
ne demandent à l'autorité administrative que ce que tous les
citoyens d'un pays libre ont droit de demander: c'est de garantir
la sécurité des employés qu'ils occupent, et le respect dû à
leur propriété ; les Ingénieurs n'ont pas à intervenir dans de
pareils débats entre l'exploitant et les ouvriers.

Ou bien les ouvriers se plaignent de ce que l'exploitant de
mines, qui veut en temps de crise industrielle ralentir la
production, renvoie un certain nombre d'ouvriers, et ceux qui
sont conservés menacent de se retirer, si leurs camarades sont
congédiés. En un pareil cas, l'exploitant qui seul a la charge
de payer ses ouvriers, est aussi le seul qui ait pouvoir d'en
réduire le nombre s'il juge que la nécessité de son industrie
l'y oblige. L'exploitant sait mieux que personne tous les
avantages qu'il a à garder longtemps les mêmes ouvriers, et
s'il se décide à se séparer de quelques-uns, c'est que des
nécessités impérieuses l'y contraignent; mais les Ingénieurs
des mines n'ont pas plus à intervenir dans ce cas que dans
le précédent, et l'exploitant ne demande à l'administration,
comme tout à l'heure, que les garanties de sécurité de droit
commun pour son personnel et sa propriété.

Enfin, un troisième cas de grève, le plus fréquent de tous,
c'est celui qui se rapporte à des difficultés de salaires entre
l'exploitant et les ouvriers mineurs, soit directement, en ce
qui concerne le prix du travail, soit indirectement, par une
demande de réduction des heures de travail journalier. Or,
nous n'hésitons pas à le dire, ni les Ingénieurs des mines, ni

les Préfets n'ont aucune action à exercer en pareil cas sur les exploitants de mines.

Le prix que les exploitants peuvent donner à la main-d'œuvre d'extraction de la houille, pour prendre un exemple concret, dépend essentiellement du prix auquel ils pourront la vendre, et dépend aussi, quoique d'une manière indirecte, des quantités de houille qu'ils pourront écouler. Or, de même que l'administration n'a pas à intervenir dans les prix de vente des houilles, elle n'a pas à s'immiscer non plus dans le prix de main-d'œuvre payé aux ouvriers pour l'extraction de la houille, à cause de la relation économique existant forcément entre ces deux chiffres. Un arrêt de la Cour de Lyon, du 3 juillet 1873, signalé au rapport d'enquête houillère déposé le 21 janvier 1874 à l'Assemblée nationale, proclame la doctrine suivante : « *Si les lois relatives aux mines ont donné à l'administration un pouvoir de surveillance en ce qui concerne l'exploitation des mines de houille, elles ne lui en ont confié aucun sur le commerce et la vente de la houille extraite.* » Or, comme « *les salaires afférents à l'extration de la houille* » sont nécessairement corrélatifs avec « *le commerce et la vente de la houille extraite* », on peut conclure indirectement de la doctrine de cet arrêt, qu'il a admis implicitement que nos lois sur les mines ne donnent aucun pouvoir de surveillance à l'administration sur les « *salaires afférents à l'extraction de la houille* ».

Les exploitants de mines, qui vivent en contact journalier avec leurs ouvriers, savent aussi bien que personne les avantages qu'ils ont à retirer de ce fait, que l'ouvrier soit content de son salaire. Ils profitent d'une manière indirecte, mais très réelle, de cette satisfaction, comme ils ont à souffrir du mécontentement opposé : l'ouvrier mécontent travaille mal. Si donc, par suite des nécessités du marché, les exploitants sont amenés à réduire la main-d'œuvre, c'est qu'ils y sont impérieusement contraints par des raisons dont ils sont seuls juges, et que les

Ingénieurs des mines et les Préfets n'ont pas qualité soit pour discuter, soit encore moins pour juger.

Il y a une circonstance commune à ces trois natures de grèves, c'est que pour toutes les trois, les exploitants ont le droit de demander, comme citoyens, que, s'il y a le délit prévu et puni par l'article 414 du Code pénal, délit formulé d'une façon générale par M. le garde des sceaux de la manière suivante « *Atteinte à la liberté du travail par menaces, violences et voies de fait* (1), ils ont le droit de demander que les auteurs de ce délit soient poursuivis : or, les exploitants ne demandent pas autre chose au gouvernement, c'est-à-dire le droit commun et rien de plus.

L'insertion, dans l'article 96 du projet, de cette disposition finale, concernant l'immixtion possible des Ingénieurs des mines en cas d'arbitrages pour grèves, a d'autant plus d'importance, que l'exposé des motifs déclare que cette insertion « *leur confère* » *le droit d'éclairer éventuellement les commissions arbitrales qui, on* » *doit l'espérer, s'acclimateront en France, en vue de résoudre pacifi-* » *quement, équitablement et rapidement les pénibles conflits entre le* » *capital et le travail* » (p. 17).

Cette insertion et cette déclaration de l'exposé des motifs appellent naturellement l'attention sur la question générale des arbitrages ; or deux faits particuliers motivent à nouveau cette attention :

Le premier, c'est que le 25 mai dernier, le même jour où M. le Ministre des Travaux publics présentait un projet de loi sur les mines, MM. Camille et Benjamin Raspail, députés, présentaient une proposition de loi *tendant à rendre l'arbitrage obligatoire dans les différends qui surviennent entre ouvriers et patrons.*

Le second fait, c'est que quatre jours après, dans la séance de la Chambre des députés du 29 mai, M. Lockroy, Ministre

_____

(1) Séance de la Chambre des députés du 13 mars 1886.

17

du Commerce et de l'Industrie déposait un projet de loi sur l'*arbitrage*. Le projet de loi déposé par M. le Ministre ne spécifie pas l'arbitrage obligatoire, comme la proposition de loi de MM. Raspail; mais que l'arbitrage soit obligatoire ou facultatif, il n'en est pas moins vrai qu'en cas de grèves dans les mines, les Ingénieurs, qui n'ont pas à intervenir dans ces grèves (nous venons de l'établir tout à l'heure), ne doivent à aucun prix intervenir dans les arbitrages qui s'y rapportent, à quelque titre que ce soit.

Cette disposition finale de l'article 96 est en quelque sorte contradictoire avec le texte limitatif des articles 90 et 91 du projet. En effet, ces articles portent que la surveillance de l'administration s'exerce, sous l'autorité du Ministre des Travaux publics, par le Préfet assisté des Ingénieurs des mines et des agents sous leurs ordres (art. 91), en vue de pourvoir à *la conservation de la mine et des mines voisines, des voies publiques et de leurs dépendances, des sources alimentant des villes, villages, hameaux et établissements publics, ainsi qu'à la sécurité des ouvriers mineurs et des habitants de la surface*. (Art. 90.)

La définition de la surveillance administrative, telle que l'entend le projet de loi, est faite par l'article 90 du projet avec détails : or ces détails mêmes démontrent que cette définition n'en est que plus *limitative*. Nous sommes donc fondés à dire que l'immixtion, même facultative, dans les arbitrages en cas de grève, admise pour les Ingénieurs des mines par le paragraphe final de l'article 96, est en contradiction avec la définition de la surveillance administrative donnée par l'article 90 du projet ; mais, ce qui est bien plus fâcheux, c'est qu'elle est contradictoire avec la mission technique des Ingénieurs des mines.

D'autre part, ne sait-on pas que ce dernier paragraphe de l'article 96, concernant les arbitrages en cas de grèves, mettra les Ingénieurs des mines et les exploitants dans une position

réciproque extrêmement difficile, et presque en état de sus-
picion expectante ?

Enfin, ce qui est vraiment déplorable, c'est que l'insertion
dans la loi des mines du paragraphe en question semblerait
en fait dans toutes les mines de la France, soit une incitation
à prolonger les grèves existantes, soit un appel à en faire naître.
Si cette disposition s'était trouvée écrite dans la loi des mines
avant la grève de Decazeville, peut-être que cette grève durerait
encore.

MM. les législateurs ne voudront donc pas, nous l'espérons, maintenir dans le projet de loi des mines une insertion
aussi fâcheuse qui, en étant, contre l'intention de son auteur,
un appel incessant à la grève, c'est-à-dire une *mesure révolutionnaire,* donnerait à cette insertion même une sorte de millé-
sime sanglant, celui de cette triste grève de Decazeville, qui a
commencé par l'assassinat d'un ingénieur, « *mort victime de son
» devoir* », comme le rappelait vaillamment M. le président de
la *Société de l'industrie minérale,* dans l'assemblée générale du
16 mai 1886.

La disposition de l'article 97 concernant l'avis à donner au
Préfet, lorsque les travaux de mines doivent s'étendre à une
certaine distance des voies publiques, est écrite dans un grand
nombre de cahiers des charges: sa place est, non pas dans la
loi des mines, mais dans les règlements d'administration publique à intervenir.

Les articles 98 à 102 du projet se rapportent à des dispositions réglementaires déjà écrites en termes plus ou moins
analogues :

Pour l'article 98, dans le décret du 3 janvier 1813 (art. 3.),
l'ordonnance du 26 mars 1843 (art. 2.), et le décret du 25 sep-

ART. 97.

Dès que les travaux devront
s'étendre à moins de 50 mètres de distance horizontale
des bords d'une voie pu-
blique, l'exploitant en donnera avis au Préfet un mois
au moins avant de dépasser
cette limite.

ART. 98.

Lorsque la conservation de
la mine ou des mines voi-
sines, des voies publiques ou
de leurs dépendances, des
sources alimentant des villes,
villages, hameaux, et établis-

sements publics, où la sécurité des ouvriers mineurs ou des habitants de la surface peut être compromise par quelque cause que ce soit, l'exploitant est tenu d'en avertir immédiatement l'Ingénieur des mines.

Celui-ci se rend aussitôt sur les lieux et adresse au Préfet son rapport avec ses propositions.

Art. 99.

Lorsque l'Ingénieur des mines, en visitant une exploitation, reconnaît une cause de danger imminent, il prescrit sous sa responsabilité, au directeur des travaux, les mesures qu'il y a lieu de prendre immédiatement, à l'effet de conjurer le danger. Au besoin, il les fait exécuter d'office aux frais de l'exploitant.

Il adresse, s'il le faut, aux exploitants des mines voisines les réquisitions nécessaires de matériel, matériaux, animaux et hommes. Il peut aussi adresser ces réquisitions aux maires, qui sont tenus de les faire exécuter par les habitants de leurs communes. Nul ne peut refuser le service auquel il est propre, ni les animaux et fournitures dont il est en état de disposer.

Les frais d'exécution d'office seront recouvrés, s'il y a lieu, comme il est dit à l'article 91, et sous les mêmes sanctions.

Les travaux, s'il en est besoin, pourront être exécutés en dehors du périmètre de la mine.

Art. 100.

L'exploitant [porte immé-

tembre 1882 (art. 1er.); pour l'article 99, dans le décret du 3 janvier 1813 (art. 5 et 17), l'ordonnance du 26 mars 1843 (art. 2), et le décret du 25 septembre 1882 (art. 3 et 4); pour l'article 100, par le décret du 3 janvier 1813 (art. 11 et 12) ; pour l'article 101, par le décret du 3 janvier 1813 (art. 13 et 14); pour l'article 102, par le décret du 3 janvier 1813 (art. 19).

En conséquence, il n'y a pas lieu d'insérer dans la loi des mines les cinq articles sus-indiqués : si les dispositions qui les concernent et qui sont écrites en termes assez analogues dans les règlements existants doivent être modifiées, la chose se fera dans les règlements d'administration publique à intervenir, conformément à l'article 47, à réviser, de la loi du 21 avril 1810.

diatement et par la voie
la plus rapide, à la con-
naissance de l'ingénieur des
mines, tout accident survenu
dans la mine ou ses dépendances, par suite duquel une
ou plusieurs personnes auraient été tuées ou griève-
ment blessées.

Sera réputée blessure grave
toute lésion qui paraîtra de
nature à entraîner soit la
mort, soit une incapacité de
travail absolue ou une incapacité de travail de la pro-
fession.

Art. 101.

L'ingénieur, ou à défaut le
garde-mines, dès qu'il a connaissance d'un accident, se
transporte sur les lieux; il
en recherche les causes et en
dresse un procès-verbal qui
est transmis au Préfet et au
Procureur de la République.

Les travaux de sauvetage
peuvent être entrepris même
en dehors du périmètre de la
mine. Ils seront exécutés par
les soins de la direction de
cette mine, sous le contrôle
et l'approbation de l'ingénieur
des mines.

Au besoin, l'ingénieur des
mines les fait exécuter d'office aux frais de l'exploitant.
Ces frais seront recouvrés,
s'il y a lieu, comme il est
dit à l'article 91, et sous les
mêmes sanctions.

Dans tous les cas, l'Ingénieur des mines et les Maires
ont pour les travaux de sauvetage les pouvoirs de réquisition définis par l'article 99.

Art. 102.

Lorsque les cadavres des
victimes d'un accident ont dû

être laissés dans les travaux, constatation en est faite par l'Ingénieur des mines, et l'exploitant porte le fait à la connaissance du Maire, qui en dresse un procès-verbal. Ce procès-verbal est transmis au Procureur de la République ; à la diligence de celui-ci et sur l'autorisation du Tribunal, cet acte est annexé au registre de l'état civil.

TITRE IX.

Déchéance et retrait de la propriété des mines.

ARTICLE 103.

Si une mine reste inexploitée pendant deux ans consécutifs, la déchéance pourra être prononcée après une mise en demeure de six mois adressée au propriétaire.

Lorsque, sans cause reconnue légitime, l'exploitation d'une mine est restreinte ou suspendue de manière à inquiéter pour les besoins des consommateurs, la déchéance pourra être prononcée après une mise en demeure de deux mois adressée au propriétaire.

Si l'exploitant d'une mine, en suspendant ou en restreignant son exploitation sans cause reconnue légitime, crée un danger public, la déchéance pourra être prononcée après une mise en demeure d'un mois adressée au propriétaire.

L'article 103 est un des plus importants du projet de loi, en raison des trois cas de déchéance qui y sont spécifiés.

La question des mines inexploitées, visée par cet article, est une des plus difficiles et des plus délicates de toutes celles qui concernent l'industrie minérale, et il y a lieu de rappeler sommairement ce qui a été fait à cet égard :

La commission parlementaire instituée par l'Assemblée nationale pour procéder à une enquête sur l'état de l'industrie houillère en France constatait, dans son rapport déposé le 22 janvier 1874, que sur 612 mines de combustible, 277 étaient inexploitées (1), et concluait dans les termes suivants : « La » commission insiste pour que l'administration applique avec » fermeté les dispositions que la loi a mises dans ses mains » (p. 87 du rapport). »

D'autre part, à la date du 15 avril 1875, la sous-commission de révision de la loi des mines, instituée au Ministère des Travaux publics, proposait de rédiger à nouveau l'article 49 de la loi de 1810 de la façon suivante :

---

(1) L'exposé des motifs constate qu'actuellement sur 1,329 concessions de mines de toutes sortes, 491 seulement sont exploitées.

« Article 49. — *Toutes les fois qu'une concession de mines sera*
» *restée inexploitée pendant deux ans révolus, le Préfet du département*
» *prescrira au concessionnaire un délai pour la mise en activité des*
» *travaux, qui ne pourra être moindre que six mois, ni supérieur à*
» *un an.*

» *Si les travaux ne sont pas commencés ou repris dans le délai fixé,*
» *le retrait de la concession pourra être prononcé par le Ministre des*
» *Travaux publics, et il sera procédé à la mise en adjudication de la*
» *mine, conformément à l'article 6 de la loi du 27 avril 1838.* »

Observons, d'autre part, que le Conseil général des mines
qui s'occupa à cette époque de la révision de la loi des mines
pendant cinq séances, aux dates des 26 mars 1875, 25 janvier 1876, 1er, 8 et 15 février 1876, proposa le maintien du texte
de l'article 49 de la loi de 1810.

Cette proposition du Conseil général des mines méritait d'être
signalée.

Dans un autre ordre d'idées, en ce qui concerne l'action
ministérielle, il y a lieu de noter les deux circulaires suivantes:

Le 10 février 1877, une circulaire du Ministre des Travaux
publics invitait les Préfets à assigner aux concessionnaires de
mines un délai de deux mois pour opérer la reprise sérieuse
de l'exploitation et annonçait l'intention du Ministre (M. Chris-
tophe) de prononcer le retrait des concessions non remises
en exploitation après la mise en demeure.

Plus tard, une circulaire du 15 juin 1877 annonçait aux
Préfets : premièrement que le Ministre (M. Paris), tout en
reconnaissant les excellentes intentions de la circulaire du
10 février précédent, n'entendait pas en poursuivre l'application ; deuxièmement, qu'il comptait soumettre prochainement
au Conseil d'État un projet de loi préparé par l'administration,
conformément au vœu de la commission parlementaire, et laisser
ainsi au pouvoir législatif le rôle qui lui appartient en cette
matière.

Ajoutons d'ailleurs que le Conseil d'Etat, qui s'occupa, en section à la date du 9 mars 1878, et en assemblée générale à la date du 3 mai 1878, d'un projet de loi relatif à la révision de divers articles de la loi du 21 avril 1810, ne proposa aucune modification à l'article 49, acceptant ainsi le maintien dudit article, comme avait fait précédemment le Conseil général des mines.

Enfin, chacun sait que la loi du 27 juillet 1880 a maintenu implicitement l'avis du Conseil d'État et n'a spécifié aucune modification à l'article 49, conservé avec son texte primitif.

Or, que faut-il faire aujourd'hui?

La grève de Decazeville et les revendications qui sont nées à l'occasion de cette grève ont porté un enseignement qu'il faut reconnaître, en toute sincérité, et dont il faut profiter : elles ont appris qu'il faut bien se garder de modifier l'article 49 de telle sorte que les fauteurs de désordre puissent y trouver un moyen d'arriver par des grèves successives, concertées et provoquées d'avance, à faire prononcer la déchéance de telles et telles mines mises à l'index.

Faut-il, d'autre part, conserver le texte primitif de l'article 49, comme ç'a été l'avis du Conseil général des mines en 1876 et celui du Conseil d'État en 1878, et s'en tenir à la doctrine exprimée dans la circulaire du Directeur général des ponts et chaussées et des mines du 29 décembre 1838?

Cette circulaire contenait quelques instructions que nous croyons devoir rappeler:

« Il est bien entendu qu'on ne doit employer qu'avec une
» grande réserve la faculté de poursuivre la déchéance pour
» cause d'inexploitation. Beaucoup de circonstances indépen-
» dantes du concessionnaire, des revers de fortune, des procès,
» des affaires de famille, quand une succession vient à s'ouvrir,
» les difficultés mêmes de l'exploitation ou le manque de débou-
» chés, la baisse des prix dans le commerce peuvent occasion-

» ner des interruptions dans les travaux; et, d'un autre côté,
» l'intérêt public n'est pas toujours menacé parce qu'une mine
» n'est pas exploitée... En pareille matière, il y a un grand
» nombre de considérations à apprécier et c'est dans les faits
» surtout que l'administration doit chercher sa force et son
» droit... il convient donc, quand une mine n'est pas exploitée,
» d'adresser d'abord des avertissements au propriétaire de la
» mine, de le prévenir des mesures qui pourront être prises
» contre lui s'il ne se met pas en règle et de l'engager à
» s'expliquer. *Il convient aussi de procéder, dans ces circonstances,*
» *à une enquête administrative* ayant pour objet de faire connaître
» si et jusqu'à quel point cette interruption des travaux est de
» nature à porter préjudice aux consommateurs. La loi n'exige
» pas absolument ici cette enquête, mais elle indique que les
» *poursuites ne devront être exercées que s'il y a un véritable intérêt*
» *public compromis.* »

D'autre part, en se reportant aux faits accomplis, constatons
que la sanction apportée par la loi du 27 avril 1838 (art. 10)
à l'article 49 de la loi du 21 avril 1810, n'a pas été complètement nulle, puisqu'on pourrait citer 9 cas où des mesures administratives ont été prises, de 1846 à 1876, contre des concessionnaires de mines inexploitées et se rapportant aux mines
suivantes, savoir: lignite d'Estavar (le 17 novembre 1846) fer
de Karèsas, fer de Bou-Hamara et fer d'Aïn-Morka (14 septembre
1849); fer de la Meboudja (28 mars 1851); plomb de la Manère
(28 décembre 1853); houille de Ferques (21 janvier 1874);
cuivre et plomb de Giromagny (5 août 1875) et plomb de Cha-
zelles (16 décembre 1876).

Et maintenant, étudions dans l'esprit qui résulte de ces préliminaires le texte de l'article 103 du projet de loi. Les paragraphes 2 et 3 de l'article 103 remplacent l'article 49 actuel:
or, alors que cet article 49 dit « Si l'exploitation est res-
» treinte ou suspendue de manière à *compromettre la sécurité*

18

» *publique...*», le troisième paragraphe de l'article 103 du projet dit « Si l'exploitant d'une mine, en suspendant ou en restrei-
» gnant son exploitation sans cause reconnue légitime, crée *un
danger public...* ». Ces mots de « *créer un danger public* » seront
très certainement invoqués avec insistance dans *tous les cas de
grève*, pour demander la déchéance des concessionnaires de
mines, et nous ne doutons pas qu'ils n'eussent été invoqués,
lors de la grève de Decazeville, s'ils avaient été écrits dans le
texte de la loi des mines. Nous proposons donc de rejeter les
paragraphes 2 et 3 de l'article 103, en conservant le texte de
l'article 49: d'autre part, comme c'est le texte de cet article
49, tel qu'il fut rédigé en 1810, qui a été visé par la loi du
27 avril 1838 dans son article 10, nous proposerions de rédiger
ainsi qu'il suit l'article 49, de manière à ce que ledit article
révisé porte mention de la loi du 27 avril 1838, laquelle lui a
donné une sanction.

ART. 49.

Si l'exploitation est restreinte ou suspendue de manière à
inquiéter la sûreté publique ou les besoins des consommateurs, les Préfets, après avoir entendu les propriétaires, en rendront compte au *Ministre des Travaux publics*, et il y sera
pourvu ainsi qu'il appartiendra : *le retrait de la concession pourra
être prononcé, s'il y a lieu, conformément aux dispositions de la loi du
27 avril 1838.*

Or, faut-il, comme le propose l'exposé des motifs (p. 19)
« *frapper de déchéance la propriété des mines qui, pour une cause
quelconque, resteraient inexploitées pendant deux années consécutives,* »
ainsi que fait le premier paragraphe de l'article 103 du
projet? Il s'agit ici de mines dont l'état d'inexploitation
« *n'inquiète pas la sécurité publique ou les besoins des consomma-
» teurs,* » comme celles dont il vient d'être question tout à

l'heure et qui sont visées par le premier paragraphe de l'article 49 ;
il semble donc que la menace du retrait de concession, pour ce
fait seul que la mine est restée inexploitée pendant deux ans,
serait bien dure, s'il n'y avait pas une restriction. Or, en nous
fondant sur l'esprit très sage de la circulaire précitée du
29 décembre 1838, et tenant compte aussi des menaces profé-
rées dans ces derniers temps contre la propriété des mines,
nous formulerions, d'une part, cette restriction « *sans cause reconnue légitime* » ; d'autre part, nous porterions de deux ans à trois
ans le délai spécifié par le premier paragraphe de l'article 103
du projet, ce qui n'a pas d'inconvénient ici, puisqu'on suppose
que « *les besoins des consommateurs ne sont pas inquiétés* », et ce qui
serait en concordance avec le cas de déchéance déjà spécifié
par nous (art. 37, § 4) pour le défaut de paiement de la redevance fixe pendant trois années. Par le même motif de procéder
avec une sage lenteur, nous admettons, avec le paragraphe 1er
de l'article 103, que le délai de la mise en demeure préalable
soit porté à six mois, au lieu du délai de deux mois mentionné
à la loi de 1838. Nous croirions donc nous tenir dans une juste
mesure en proposant d'insérer dans l'article 49 un paragraphe
ainsi conçu :

*Si une concession de mine reste inexploitée pendant trois années
consécutives, sans cause reconnue légitime, le retrait pourra être prononcé après une mise en demeure de six mois, adressée au concessionnaire, et avec application, après cette mise en demeure, des dispositions portées dans la loi du 27 avril 1838.*

Nous devons rappeler ici que le paragraphe ci-dessus deviendrait le paragraphe 3 de l'article 49 révisé, attendu qu'à l'occasion de l'examen des articles 56 et 57 du projet, nous avons
demandé l'adjonction à l'article 49 d'un paragraphe 2 ainsi conçu :

§ 2. — « *En cas d'abandon total des travaux, le concessionnaire
» pourra former une demande en renonciation de concession, etc., etc.* »

Terminons sur l'article 103 du projet en observant que le

troisième paragraphe de cet article *(danger public)* propose de réduire à un mois le délai de la mise en demeure préalable qui est de deux mois, aux termes de l'article 6 de la loi du 27 avril 1838. Rien ne motive une pareille mesure, la célérité ne devant pas être recherchée en matière aussi grave que la déchéance d'une propriété : nous estimons donc que le délai de la loi du 27 avril 1838, c'est-à-dire le délai de deux mois, doit être maintenu pour la mise en demeure en ce cas de déchéance *(sûreté publique inquiétée)*, comme il est dit implicitement dans le premier paragraphe de l'article 49 à réviser ainsi qu'il a été dit précédemment.

ART. 104.

Dans tous les cas où elle est prévue par la présente loi, la déchéance est prononcée par une décision du Ministre des Travaux publics, sauf recours au Conseil d'État par la voie contentieuse. Le délai de recours est de un mois dans le cas prévu au paragraphe 3 de l'article 103.

La décision du Ministre des Travaux publics et l'arrêt du Conseil d'État sont signifiés par l'administration au propriétaire et aux créanciers inscrits.

A l'expiration du délai de recours ou, s'il y a eu recours, après la signification de l'arrêt confirmant la déchéance, le Ministre des Travaux publics pourra, s'il le juge convenable, ou devra, sur la requête du propriétaire déchu ou de l'un des créanciers hypothécaires ou privilégiés, faire procéder par voie administrative à l'adjudication de la mine et de ses dépendances immobilières; le prix en sera distribué judiciairement, après

Une observation commune aux trois articles 104, 105 et 106 doit être faite préalablement. Ces trois articles se rapportent au mode de prononcer la déchéance et le retrait de la propriété des mines, à l'adjudication qui peut s'ensuivre, et aux conséquences qui doivent en résulter, question déjà traitée par l'article 6 de la loi du 27 avril 1838 concernant les retraits de concessions de mines. Or, la loi du 27 avril 1838 est la loi existante, et nous proposons de la viser explicitement, ainsi qu'il a été dit précédemment dans les articles 7 et 49 à réviser de la loi du 21 avril 1810. Cette loi du 27 avril 1838 est-elle parfaite? Nous ne saurions le prétendre; mais n'est-ce pas beaucoup trop de remettre en question toute la loi du 21 avril 1810 avec les règlements qui s'y rapportent, décret du 18 novembre 1810, décret du 6 mai 1811, décret du 3 janvier 1813, ordonnance du 26 mars 1843, décret du 15 septembre 1882, et de remettre en question en même temps la loi du 27 avril 1838 et l'ordonnance du 23 mai 1841 pour l'exécution de celle-ci? qu'on se reporte aux discussions mémorables qui eurent lieu, pour la préparation et la discussion de cette dernière loi, en 1837 à la Chambre des pairs et en 1838 à la Chambre des députés: on reconnaîtra que ce serait déjà une œuvre très ardue, à elle toute seule, que de refaire ou modifier la loi du 27 avril 1838; que cette dernière œuvre est suffisante à elle seule pour être entreprise séparément par un parlement Ce serait donc vouloir trop faire à la fois et s'exposer à mal faire que de l'entreprendre en même temps que le remplacement de la loi organique des mines de 1810 et des règlements qui s'y rapportent.

Nous conclurons donc à rejeter en entier les articles 104, 105 et 106 du projet.

Quant aux prescriptions de détail de ces articles que nous ne pensons pas devoir discuter en ce moment, nous nous bornerons aux observations qui suivent :

1° La dernière prescription du 1er paragraphe de l'article 104, qui réduit à un mois le délai de recours devant le Conseil d'Etat jugeant au contentieux, alors que ce délai est de trois mois dans les cas ordinaires, n'est motivée par rien. La précipitation n'est pas nécessaire lorsqu'il s'agit d'une chose aussi grave que de prononcer la déchéance d'une propriété ; enlever au réclamant les deux tiers du délai qui est de droit pour les cas ordinaires, serait presque une violation de notre droit public et, en tous cas, contraire à l'équité.

2° La disposition finale de l'article 104, qui porte que le propriétaire déchu ne peut pas se porter acquéreur, outre qu'elle pourra être tournée dans la pratique avec l'aide d'un prête-nom, aurait l'inconvénient d'écarter de l'adjudication l'ancien concessionnaire, qui deviendra peut-être le plus apte à tirer parti de la mine, après qu'il se sera adjoint l'aide de capitalistes, et après qu'il aura fait, à cet égard, les justifications de facultés pécuniaires mentionnées au § 6 de l'article 5 de la loi du 27 avril 1838.

Nous ne pousserons pas plus loin ces observations de détail.

prélèvement des sommes dues au Trésor.

La requête du propriétaire déchu ou des créanciers à fin d'adjudication n'est recevable que si le requérant fait l'avance des frais nécessaires pour procéder à l'adjudication. Le propriétaire déchu ne peut pas se porter acquéreur.

ART. 105.

Si, dans un délai de deux mois après l'expiration du délai de recours ou après la signification de l'arrêt du Conseil d'Etat confirmant la déchéance, la vente n'a pas été décidée par le Ministre des Travaux publics ou n'a pas été provoquée par les ayants droit, ou si elle n'a pas abouti, le retrait définitif de la propriété de la mine est prononcé par un décret rendu en Conseil d'Etat : ce décret sera publié et affiché comme il est dit à l'article 31.

La mine pourra, dès lors, faire l'objet, après accomplissement des formalités réglementaires, de l'institution d'une nouvelle propriété qui sera libre et franche de toutes charges du fait du propriétaire déchu ou de ses créanciers, sans que ce propriétaire ou ses créanciers puissent réclamer aucune indemnité du nouveau propriétaire à raison des puits, galeries ou autres travaux d'exploitation que celui-ci utiliserait.

ART. 106.

Après le décret de retrait, le propriétaire peut être autorisé par le Ministre à retirer tous les objets mobiliers qui pourraient être enlevés sans préjudice pour la mine, dès qu'il aura exécuté les travaux prescrits par l'Administration pour assurer la sécurité, et payé s'il y a lieu les sommes restant dues au Trésor.

A défaut d'exécution desdits travaux par le propriétaire déchu dans les délais fixés, l'Administration peut les exécuter d'office. Elle se rembourse de ses avances par la vente des objets mobiliers précités et, pour le restant, par voie de recouvrement contre ledit propriétaire, comme en matière de contributions directes.

Le propriétaire déchu conserve la propriété des terrains acquis ainsi que des bâtiments élevés par lui à la surface, lesquels, à partir du décret prononçant le retrait, seront réputés détachés de la propriété de la mine.

Si la mine retirée n'a pas fait l'objet d'une nouvelle propriété, le propriétaire déchu reste personnellement responsable, jusqu'à prescription acquise, des dommages qui pourraient résulter des travaux de ladite mine.

TITRE X.

Dispositions spéciales aux exploitations de sel.

ART. 107.

La recherche et l'exploitation des gîtes de sel et des sources d'eau salée sont soumises aux mêmes dispositions que celles relatives aux autres mines sous réserve des modi-

Une loi spéciale existe pour l'exploitation du sel, c'est la loi du 17 juin 1840, complétée par l'ordonnance du 7 mars 1841 portant règlement d'administration publique et par l'ordonnance du 26 juin 1841 portant aussi règlement d'administration publique.

Nous pourrions donc reproduire des motifs analogues à ceux qui ont été donnés tout à l'heure à l'occasion de la loi du 27 avril 1838, rapprochée des articles 104, 105 et 106 du projet de loi; nous pourrions dire que si la loi du sel du 17 juin 1840, et les règlements d'administration publique mentionnés ci-dessus qui la concernent, doivent être modifiés, il y a lieu de préparer cette modification de la loi du sel, en dehors de la révision de la loi générale des mines, déjà assez compliquée par elle-même.

Mais il y a ici un autre motif pour rejeter tous les articles du titre X du projet de loi, c'est que c'est surtout parce que le projet de loi renverse complètement le système d'attribution de la propriété des mines organisé par la loi du 21 avril 1810 que les articles 107 à 113 ont été adjoints audit projet; or, comme nous maintenons, par les motifs précédemment exposés, le système d'attribution de la propriété des mines organisé par la loi de 1810, nous ne pouvons que repousser lesdits articles du projet.

Quelques mots sur ces articles :

L'article 107 reproduit d'une manière moins large et moins formelle la disposition suivante, écrite aux articles 1 et 2 de la loi du 17 juin 1840, que nous conservons :

Art. 1er. — Nulle exploitation de mines de sel, de sources ou de puits d'eau salée naturellement ou artificiellement ne peut avoir lieu qu'en vertu d'une concession consentie par ordonnance royale, délibérée en Conseil d'Etat.

Art. 2. — *Les lois et règlements généraux sur les mines sont applicables aux exploitations des mines de sel.*

L'article 108, qui défend d'attribuer des gîtes de sel gemme et des sources salées à des personnes différentes dans le même périmètre, se rapporte à une disposition écrite dans l'article 20 de l'ordonnance du 7 mars 1841 portant règlement d'administration publique.

fications contenues dans le présent titre.

ART. 108.

Des gîtes de sel gemme et des sources d'eau salée ne peuvent pas être attribués dans un même périmètre à des propriétaires différents.

ART. 109.

Tout explorateur qui découvre un gîte de sel gemme ou une source d'eau salée, doit en donner immédiatement avis au Préfet, qui porte le fait à la connaissance du directeur des contributions indirectes, ou des douanes, suivant le cas.

ART. 110.

Aucune demande en institution de propriété ne peut être admise s'il n'est pas justifié que le gîte de sel gemme ou la source d'eau salée puisse donner lieu à une production annuelle de 500 tonnes de sel au moins.

Le plan mentionné à l'article 24 sera fourni en quintuple expédition.

Le titre de propriété ne sera délivré qu'après avis du Ministre des Finances.

ART. 111.

Un règlement d'administration publique déterminera les conditions spéciales auxquelles pourront être soumises les exploitations de sel, en vue de garantir la sécurité des habitants de la surface et la conservation des voies publiques et des sources alimentant des villes, villages, hameaux et établissements publics.

ART. 112.

Les exploitations de mines

de sel et de sources d'eau salées ne sont pas soumises à la redevance proportionnelle.

Art. 113.

Les dispositions des articles 5 à 19 de la loi du 17 juin 1840, ainsi que l'ordonnance du 26 juin 1841, restent en vigueur, tant pour les concessions actuelles que pour les propriétés qui seraient ultérieurement instituées.

L'article 109 du projet rappelle, à certains égards, les dispositions de l'article 9 de l'ordonnance du 7 mars 1841.

L'article 110, en ce qui concerne la justification de la faculté de produire annuellement 500 tonnes de sel au moins, ne fait que reproduire la disposition écrite à l'article 5 § 3 de la loi du 17 juin 1840.

Ajoutons que le 2e § de l'article 110 exige des plans en quintuple expédition, alors que l'article 7 de l'ordonnance du 7 mars 1841 ne demande qu'une quadruple expédition. Il n'y a pas là une différence bien importante. Le § 3 de l'article 110 spécifie la nécessité de l'intervention du Ministre des Finances, intervention précédemment mentionnée à l'article 24 de l'ordonnance du 7 mars 1841.

L'article 111 porte qu'un règlement d'administration publique déterminera les conditions spéciales auxquelles pourront être soumises les exploitations de sel, en vue de garantir la sécurité des habitants de la surface et la conservation des voies publiques et des sources alimentant des villes, villages, hameaux et établissements publics.

En l'état actuel des choses, ces dispositions sont écrites dans les cahiers des charges de concessions de mines de sel : nous ne disconvenons pas qu'il pourrait y avoir avantage à formuler ces conditions dans un nouveau règlement d'administration publique, mais l'article 2 de la loi du 17 juin 1840 permet manifestement de rendre un nouveau règlement d'administration publique à cet égard, car cet article est ainsi conçu :

« Art. 2. — Les lois et règlements sur les mines sont applicables aux exploitations de mines de sel.

» Un règlement d'administration publique déterminera, selon » la nature de la concession, les conditions auxquelles l'ex» ploitation sera soumise. »

On peut donc faire un nouveau règlement d'administration

publique sur le sel : que si, après qu'on aura refait à nouveau la loi générale des mines, il y a lieu de faire aussi quelques modifications à la loi sur le sel du 17 juin 1840, on les fera en temps opportun, sans compliquer l'œuvre actuelle, déjà si complexe, d'une révision de la loi organique des mines.

Nous ne pouvons donc que conclure à rejeter de cette loi générale l'article 111 du projet.

Même proposition pour rejeter aussi l'article 112, en rappelant que cet article, qui porte que les exploitations de mines de sel et de sources d'eau salées ne sont pas soumises à la redevance proportionnelle, ne fait que reproduire la disposition écrite à l'article 4 § 3 de la loi du 17 juin 1840.

Pour ce qui est de l'article 113, comme nous demandons le maintien jusqu'à nouvel ordre de la loi du 17 juin 1840 sur le sel, sauf à ce qu'elle soit modifiée séparément, s'il y a lieu, dans quelques détails, nous ne pouvons que rejeter ledit article 113.

TITRE XI.

Des Exploitations faites par les Propriétaires du sol.

SECTION I.

CARRIÈRES.

La section 1re du titre XI de la nouvelle loi comprend huit articles, tandis que la loi du 21 avril 1810 révisée par celle du 27 juillet 1880 ne consacre aux carrières que deux articles : l'article 81 composé de deux paragraphes, et l'article 82 qui en contient trois. Cette différence tient en partie à ce que le nouveau projet de loi comprend des dispositions précédemment écrites dans les règlements locaux de carrières; mais lorsqu'il

19

ART 114.

Aucune exploitation de carrière ne peut être entreprise sans une déclaration faite à l'administration.

Ne sont pas considérées comme une exploitation de carrières, pour l'application de la présente loi, les fouilles entreprises par le propriétaire du sol ou son fermier, pour en retirer des amendements ou des matériaux à l'usage exclusif de la propriété et de ses dépendances.

Art. 115.

L'exploitation des carrières souterraines est soumise à la surveillance de l'administration, conformément aux dispositions du titre VIII, en ce qui concerne seulement la sécurité des personnes et la conservation des voies publiques.

Toutefois, le Préfet peut dispenser l'exploitant de tenir les plans ou registres mentionnés à l'article 93.

Art. 116.

L'exploitation des carrières à ciel ouvert est soumise à la surveillance du Maire, sous l'autorité du Préfet.

Art. 117.

Un décret rendu dans la forme des règlements d'administration publique peut mettre sous la surveillance de l'Administration, au même titre que les carrières souterraines, certains groupes de carrières à ciel ouvert.

Art. 118.

Des règlements d'administration publique fixent les conditions suivant lesquelles doit être conduite l'exploitation des carrières à ciel ouvert, pour ne pas nuire à la sécurité des personnes et à la conservation des voies publiques.

Art. 119.

Si l'exploitation d'une carrière située dans le voisinage ou dans le périmètre d'une mine ne peut être continuée sans

s'agit d'une loi qui doit avoir une grande stabilité, comme la loi organique des mines, est-ce un bien que d'y introduire des dispositions d'ordre réglementaire? Nous ne le pensons point, et nous nous référons à ce qui a été dit précédemment à ce sujet.

D'autre part, la loi du 27 juillet 1880, qui a modifié les articles de la loi des mines relatifs aux carrières, est de date relativement récente, et n'a pas encore produit tous les effets qu'on peut en attendre; est-ce le cas d'en faire table rase, en ce qui concerne les carrières? C'est ce que nous allons examiner en étudiant successivement les articles 114 à 121 du projet.

L'article 114 porte dans son premier paragraphe :

« Aucune exploitation de carrière ne peut être entreprise sans une déclaration faite à l'administration. » Or, deux observations sont à faire au sujet de ce paragraphe : d'une part, l'article 81 de la loi de 1810, révisé par la loi du 27 juillet 1880, dit que l'exploitation des carrières à « ciel ouvert a lieu » en vertu d'une simple déclaration faite au maire de la com- » mune » et puis, il renvoie d'une manière générale aux règlements locaux; d'autre part, les derniers modèles des règlements locaux contiennent un article ainsi conçu :

« Art. 2. — Tout propriétaire ou entrepreneur, qui veut continuer ou entreprendre l'exploitation d'une carrière à ciel ouvert ou par galeries souterraines. est tenu d'en faire la déclaration au maire de la commune où la carrière est située. »

Or, comme nous proposons de conserver les articles 81 et 82 révisés de la loi de 1810, et de maintenir les règlements locaux des carrières visés par l'article 81, nous sommes en droit de dire qu'il n'y a pas lieu d'écrire dans la loi le premier paragraphe de l'article 114 du projet puisqu'il y est déjà satisfait.

Quant au paragraphe 2 de l'article 114, qui porte que « *ne sont* » *pas considérées comme une exploitation de carrières, pour l'application* » *de la présente loi, les fouilles entreprises par le propriétaire du sol ou* » *son fermier, pour en retirer des amendements ou des matériaux à* » *l'usage exclusif de la propriété et de ses dépendances,* » c'est là une disposition qui pourrait être adjointe utilement à l'article 81 de la loi actuelle, où il formerait le paragraphe 3 ; cette addition aura l'avantage de soustraire les agriculteurs à quelques tracasseries administratives possibles à l'occasion des fouilles susmentionnées.

L'article 115 du projet, concernant les carrières souterraines, contient deux paragraphes : le premier est rendu inutile par le paragraphe 1er de l'article 82 de la loi de 1810 révisé par la loi du 27 juillet 1880. Quant au second paragraphe, qui porte que le Préfet peut dispenser l'exploitant de tenir les plans ou registres mentionnés à l'article 93, il s'agit ici d'une disposition d'ordre réglementaire qui a sa place dans les règlements de carrières et non pas dans la loi générale des mines.

L'article 116 du projet porte que « l'exploitation des carrières à ciel ouvert est soumise à la surveillance du maire, sous l'autorité du Préfet ». Or l'article 19 du modèle des règlements locaux de carrières dit que « l'exploitation des carrières à ciel ouvert est surveillée, sous l'autorité du Préfet, par les maires et autres officiers de police municipale, avec le concours des Ingénieurs des mines et des agents sous leurs ordres ». Faut-il véritablement insérer un article spécial dans la loi générale des mines, pour y introduire une disposition équivalente, existant dans les règlements locaux ? Nous ne le pensons pas.

L'article 117 porte qu'un décret rendu dans la forme des règlements d'administration publique peut mettre sous la surveillance de l'administration, au même titre que les carrières souterraines, certains groupes de carrières à ciel ouvert. Nous

nuire à l'exploitation de ladite mine, le Préfet peut, à la requête de l'exploitant de la mine, l'exploitant de la carrière entendu, interdire l'exploitation de ladite carrière, sous réserve de l'indemnité due à l'exploitant de la carrière par l'exploitant de la mine.

Art. 120.

L'exploitant d'une carrière qui abat des substances rentrant dans la classe des mines peut être autorisé à en disposer par une décision du Préfet, rendue sur le rapport des Ingénieurs des mines, si ces substances n'ont pas été abattues dans le périmètre d'une mine instituée.

Au cas contraire, l'exploitant de la carrière doit mettre ces substances à la disposition de l'exploitant de la mine, contre paiement, s'il y a lieu, d'une juste indemnité.

Art. 121.

L'exploitation des carrières souterraines est et demeure interdite dans l'intérieur de Paris.

Un décret rendu dans la forme des règlements d'administration publique peut interdire l'exploitation des carrières souterraines sous des agglomérations d'habitants.

comprenons parfaitement qu'il y ait certains points de la France, où des groupes régionaux de carrières à ciel ouvert méritent, par leur importance et les dangers de leur exploitation, d'être mis sous la surveillance de l'Administration, au même titre que les carrières souterraines ; mais c'est dans les règlements locaux ou départementaux, lesquels doivent être rendus en forme de décrets au Conseil d'État, que cette disposition d'essence réglementaire a sa place naturelle, et non pas dans la loi générale des mines. Lorsque l'expérience apprendra que, dans un département particulier, il existe un groupe de carrières à ciel ouvert, qui doive être soumis à cette surveillance spéciale, on modifiera en conséquence le règlement des carrières dudit département.

L'article 118 du projet porte que « des règlements d'admi-
» nistration publique fixent les conditions suivant lesquelles
» doit être conduite l'exploitation des carrières à ciel ouvert,
» pour ne pas nuire à la sécurité des personnes et à la conser-
» vation des voies publiques. »

Cet article 118 nous paraît complètement inutile, en présence des règlements de carrières départementaux, lesquels sont rendus en Conseil d'État, c'est-à-dire en forme de règlements d'administration publique, comme le veut l'article 81, § 2 de la loi de 1810. Il appartient à l'Administration de provoquer les changements nécessaires à ces règlements, de manière à ce qu'ils satisfassent le mieux possible à la nature et à l'état des carrières de chaque département (ardoisières, crayères, marnières, carrières de sable, carrières de granit, grès, etc., etc.).

L'article 119 introduit une disposition nouvelle; il porte que « si l'exploitation d'une carrière située dans le voisinage ou dans le périmètre d'une mine ne peut être continuée sans nuire à l'exploitation de ladite mine, le Préfet peut, à la requête de l'exploitant de la mine, l'exploitant de carrière entendu, interdire l'exploitation de ladite carrière, sous réserve de l'indem-

nité due à l'exploitant de carrière par l'exploitant de la mine. »
Le droit commun, la jurisprudence et les droits de surveillance générale des Préfets sur les mines et sur les carrières
suffisent véritablement, croyons-nous, sans qu'il soit nécessaire
d'écrire la disposition portée par l'article 119, soit dans la loi
générale des mines, soit même dans des règlements; nous
craindrions que, dans la pratique, cet article 119 ne vînt à sus-
citer des difficultés nouvelles entre les exploitants de mines et
les propriétaires de la surface, en incitant ceux-ci à ouvrir des
carrières sans nécessité réelle, par exemple dans les points indiqués comme carrières à remblais, et dans le seul but d'accroître
l'indemnité d'occupation à payer par l'exploitant. Or, faut-il insérer dans les lois ou règlements un article qui serait une incitation à procès, et qui pourrait avoir pour effet de faire payer
plus cher aux houillères les remblais venus du dehors? Nous
ne le pensons pas et nous proposons de rejeter l'article 119.

L'article 120 est ainsi conçu : « L'exploitant d'une carrière
» qui abat des substances rentrant dans la classe des mines
» peut être autorisé à en disposer par une décision du Préfet,
» rendue sur le rapport des Ingénieurs des mines, si ces sub-
» stances n'ont pas été abattues dans le périmètre d'une mine
» instituée.

» Au cas contraire, l'exploitant de la carrière doit mettre
» ces substances à la disposition de l'exploitant de la mine
» contre paiement, s'il y a lieu, d'une juste indemnité. »

Cet article nous semble devoir être rejeté en entier : le premier paragraphe arriverait en fait, à pousser les propriétaires
à organiser de véritables gaspillages de mines, sous le pré-
texte de *carrières rencontrant des substances rentrant dans la classe
des mines*; les intérêts généraux de l'aménagement des substances minérales, au mieux de l'intérêt de tous, commandent
impérieusement de le repousser.

Qu'on encourage les recherches de mines comme préliminaires obligés de l'institution des concessions de mines, rien de mieux; mais qu'on n'encourage pas, même indirectement, ces exploitations superficielles de mines, si fâcheusement tolérées autrefois par l'article 1er de la loi de 1791, lesquelles ne sont qu'un gaspillage de la richesse minérale.

Quant au second paragraphe de l'article 120, il doit être péremptoirement repoussé par les mêmes motifs que l'article 119 : il ne ferait qu'exciter les propriétaires à ouvrir des carrières dans les terrains concédés pour mines, comme but de spéculation à l'encontre des propriétaires de mines. Il serait un vrai nid à procès. Les cas prévus par le deuxième paragraphe de l'article 120 peuvent être assez bien résolus par le droit commun et la jurisprudence pour qu'il n'y ait rien à écrire, en ce qui le concerne, dans la loi des mines.

L'article 121 et dernier contient deux paragraphes : le premier porte que l'exploitation des carrières souterraines est et demeure interdite dans l'intérieur de Paris. Cette disposition, étant écrite dans le deuxième paragraphe de l'article 82 de la loi de 1810 que nous proposons de conserver, nous ne pouvons que rejeter le premier paragraphe de l'article 121.

Quant au second paragraphe de cet article, qui dit que « un décret rendu dans la forme des règlements d'administration publique peut interdire l'exploitation des carrières souterraines sous des agglomérations d'habitants », nous estimons qu'il n'y a pas à écrire cette disposition dans la loi, mais seulement dans les règlements départementaux de carrières, lorsque la nécessité s'en fera sentir : ces règlements sont rendus sous forme de décrets en Conseil d'État, comme il est dit au deuxième paragraphe de l'article 81 de la loi de 1810 ; ils contiennent des sections distinctes pour les carrières souterraines et pour les carrières à ciel ouvert. Il sera donc possible, lorsque la mesure visée par le deuxième paragraphe de l'ar-

ticle 121 deviendra nécessaire dans un département, de modifier le règlement local en conséquence.

Nous terminerons ce qui concerne les carrières par l'observation suivante touchant la juridiction. En ce qui a rapport aux
carrières souterraines, le paragraphe premier de l'article 82 de
la loi de 1810, que nous proposons de conserver, soumet leur
exploitation à la surveillance de l'administration des mines,
dans les conditions prévues par les articles 47, 48 et 50 de
la loi de 1810, lesquels organisent la surveillance administrative sur les mines : l'assimilation de juridiction doit suivre
l'assimilation de surveillance : rien n'est donc à écrire à nouveau dans l'article 82, quant à la juridiction en matière de
carrières souterraines. Or, il n'en est pas ainsi de l'article 81
révisé par la loi du 27 juillet 1880, lequel se rapporte
aux carrières à ciel ouvert. L'article 81 primitif portait ces
mots, « *sous la simple surveillance de la police* », ce qui entraînait,
pour les carrières à ciel ouvert, la juridiction de simple police.
Ces mots ne se trouvant pas reproduits dans l'article 81 révisé,
nous proposerions, puisqu'on révise et pour éviter toute difficulté, de dire dans la partie finale du § 1er de l'article 81, au
lieu de : « Elle est soumise à la surveillance de l'Administra-
» tion et à l'observation des lois et règlements », « elle est
» soumise à la surveillance de l'Administration et à l'obser-
» vation des lois et règlements, *avec juridiction de simple police.* »

Dans ces conditions, nous proposons de conserver l'article 81
de la loi de 1810, modifié ainsi qu'il a été dit, avec l'article
82 de la même loi, et de rejeter les articles 114, 115, 116,
117, 118, 119, 120 et 121 du projet.

SECTION II.

TOURBIÈRES.

En ce qui concerne les tourbières, nous devons rappeler que l'article 3 de la loi du 21 avril 1810 classe la tourbe parmi les minières. Nous ne répéterons pas ce qui a été dit précédemment sur les avantages que présente le maintien de la classification générale des substances minérales en mines, minières et carrières, qui date de 1810 et qui a pour elle des droits acquis, formant une sorte de tradition. Nous persistons donc à demander que les tourbières continuent à être classées comme minières.

Un motif de juridiction se joint aux autres considérations concernant la classification générale des substances minérales pour demander que les tourbières restent toujours classées comme minières. En effet, les minières sont soumises à la même juridiction que les mines par le paragraphe 2 de l'article 58 de la loi de 1810, et non pas à la juridiction de simple police qui régit les carrières à ciel ouvert; maintenir les tourbières parmi les minières, c'est donc les soumettre à la même juridiction que les mines, et la chose est très utile, attendu l'importance d'une bonne exploitation de la tourbe au point de vue de la salubrité publique.

Les tourbières sont soumises actuellement aux articles 83, 84, 85 et 86 de la loi du 21 avril 1810 sur lesquels les articles 122 et 123 ne présentent véritablement aucun avantage sérieux. Le principe de l'intervention des règlements d'administration publique est posé à l'article 85 de la loi de 1810 comme à l'article 123 du projet.

Plusieurs règlements de tourbières sont intervenus, par

application de l'article 85 de la loi de 1810 : ces règlements donnent satisfaction aux intérêts locaux; si quelques-uns viennent. à être reconnus insuffisants, on peut les modifier en vertu dudit article 85 sans rien changer au dispositif de la loi, en ce qui concerne les tourbières.

Nous ne pouvons donc que proposer le rejet des articles 122 et 123 du projet, et le maintien des articles 83, 84, 85 et 86 de la loi de 1810.

SECTION III.

EXPLOITATION DES GITES MÉTALLIFÈRES SUPERFICIELS.

Nous avons déjà proposé le rejet de cet article 124, que nous avons examiné en même temps que l'article 7; nous nous référons à ce qui a été dit précédemment à cet égard.

ART. 124.

L'exploitation des gites métallifères superficiels que le propriétaire du sol ou son ayant droit peut entreprendre aux termes de l'article 7, est subordonnée à l'autorisation du Préfet.

L'arrêté d'autorisation détermine les mesures à prendre pour assurer la sécurité des personnes et la bonne exploitation des gites en prévision du cas où ils feraient l'objet d'une institution de mines.

Ces exploitations sont soumises à la surveillance de l'administration, conformément au titre VIII, sauf dispense de la tenue des plans et registres mentionnés à l'article 93.

TITRE XII.

Juridiction et pénalités.

Les contestations entre particuliers, nées de l'exécution de la présente loi, ressortissent à l'autorité judiciaire à moins de dispositions contraires.

L'autorité judiciaire est incompétente pour prescrire, même à titre de réparation, l'exécution d'aucun travail d'exploitation de mine.

Art. 126.

Le Ministre des Travaux publics ne peut statuer en exécution de la présente loi, qu'après avoir pris l'avis du Conseil général des mines ; ni le Préfet, sans l'avis préalable des Ingénieurs des mines, sauf en ce qui concerne les carrières à ciel ouvert non assimilées aux carrières souterraines.

Art. 127.

Sera puni d'une amende de 100 à 500 francs :

1° Tout individu ayant exécuté des travaux de recherche de mines sans permis administratif ;

2° Tout explorateur qui contrevient à l'article 109;

3° Tout exploitant de mine ou de source d'eau salée qui omet de faire à l'administration les déclarations prévues aux articles 47, 50, 63, 66, 67, 86 ;

4° Tout exploitant de carrières souterraines ou de car-

Le titre X de la loi du 21 avril 1810, comprenant les articles 93 à 96, a suffi jusqu'à présent, on doit le reconnaître, avec la jurisprudence qui s'établit toujours dans des matières de ce genre, à assurer d'une manière efficace l'observation complète de la loi des mines.

Très peu de changements sont à faire : nous proposerions de modifier deux articles seulement, les articles 93 et 96.

A l'article 93, qui précise les contraventions, au lieu du texte actuel qui est le suivant,

« Les contraventions des propriétaires de mines exploitants
» non encore concessionnaires ou autres personnes, aux lois et
» règlements seront dénoncées et constatées comme les con-
» traventions en matière de voirie et de police »,

nous proposerions la rédaction suivante, présentée par la sous-commission administrative de révision instituée en 1875 au ministère des Travaux publics et par le Conseil général des mines en 1875-76 :

Art. 93.

« Les contraventions *aux lois et règlements sur les mines, minières et carrières souterraines*, seront dénoncées et constatées comme les contraventions en matière de voirie et de police. »

Quant à l'article 96, qui spécifie les peines, nous proposerions la rédaction suivante qui concorde avec l'état de choses actuel et donne satisfaction à l'article 133 du projet de loi.

Art. 96.

Les peines seront d'une amende de 500 francs au plus, de

100 francs au moins, et *en cas de récidive, d'une amende double* et d'une détention qui ne pourra excéder la durée fixée par le Code de police correctionnelle.

L'article 463 du Code pénal est applicable aux condamnations qui seraient prononcées en exécution de la présente loi.

Nous proposons de maintenir les deux articles 94 et 95 de la loi de 1810 : l'article 95, en établissant en droit *le principe* de la *poursuite d'office*, permet d'assurer efficacement l'application de la loi générale des mines.

Examinons maintenant les divers articles du projet de loi.

L'article 125 du projet comprend deux paragraphes : le premier est véritablement inutile, avec les spécifications de compétence portées aux articles 43, 44, 45, 46, 56 et 70 de la loi de 1810; quant au second paragraphe qui proclame un principe de compétence admis en France depuis 1810, il nous semble inutile de l'insérer dans la loi, en raison, d'une part, des principes de droit commun et en raison, d'autre part, de la compétence donnée aux Préfets par les articles 47, 49 et 50 de la loi du 21 avril 1810.

L'article 126, relatif à la compétence du Ministre des Travaux publics, contient une disposition d'ordre réglementaire, dont la place n'est pas dans la loi des mines, mais bien dans les règlements d'administration publique à intervenir, prévus par l'article 47 révisé de la loi de 1810, ou bien dans les règlements locaux de carrières.

L'article 127 contient des détails au moins inutiles et pouvant devenir gênants dans la pratique, en ce qu'il fait six catégories pour les individus punissables d'une amende de 100 à 500 francs : mieux vaut laisser aux tribunaux le soin de statuer sur tous les cas, comme le fait l'article 96 actuel de la loi de 1810.

L'article 128 fait trois catégories pour les délinquants qui seront punis d'une amende de 500 à 1,000 francs en première contravention, tandis que l'article 96 de la loi spécifie que

rières à ciel ouvert assimilées qui omet de faire la déclaration prévue à l'article 114;

5° Tout individu qui contrevient aux dispositions du titre VIII ou à celles des règlements d'administration publique, des arrêtés du Ministre ou du Préfet, rendus par application des articles 91, 115 et 117, à moins que l'infraction ne soit punie d'une peine plus forte en vertu de l'article 128 ci-après;

6° Tout individu qui exploite une tourbière sans autorisation ou contrevient aux règlements sur la police d'exploitation des tourbières.

Art. 128.

Sera puni d'une amende de 500 francs à 1.000 francs :

1° Tout explorateur ayant disposé des produits de recherches de mines sans autorisation ;

2° Tout individu se livrant à des travaux d'exploitation de mines sans la permission prescrite par l'article 7 ou sans être propriétaire ou amodiataire de la mine dans laquelle ont lieu les travaux ;

3° Tout exploitant de mines, de carrières souterraines ou de carrières à ciel ouvert assimilées, qui pousse ses travaux à une distance des voies publiques interdite par les règlements.

Art. 129.

En cas de récidive dans les douze mois, les amendes prévues aux articles 127 et 128 seront portées au double et le tribunal pourra en outre prononcer un emprisonnement de trois jours à un mois.

ART. 130.

Les infractions prévues aux articles précédents sont constatées par des procès-verbaux dressés concurremment par les officiers de police judiciaire, les Ingénieurs des mines, les gardes-mines et les agents de surveillance nommés par l'administration et dûment assermentés.

ART. 131.

Les procès-verbaux dressés en vertu de l'article précédent sont visés pour timbre et enregistrés en débet. Ils sont adressés en originaux au Procureur de la République qui poursuivra les contrevenants devant les tribunaux de police correctionnelle.

S'ils sont dressés par des agents de surveillance assermentés, ils doivent être affirmés dans les trois jours, à peine de nullité, devant le juge de paix ou le maire, soit du lieu de l'infraction, soit de la résidence de l'agent.

ART. 132.

Les infractions commises aux lois et règlements, sur la police des exploitations de carrières à ciel ouvert non assimilées aux carrières souterraines, tombent sous la juridiction et la pénalité de simple police.

Toutefois, le juge de paix pourra infliger une amende de 16 francs à 100 francs à tout exploitant de carrières à ciel ouvert qui poursuit ses travaux à une distance des voies publiques interdite par le règlement.

ART. 133.

L'article 463 du Code pénal est applicable aux condamna-

l'amende ne dépassera 500 francs qu'en cas de récidive: nous estimons qu'il n'y a pas lieu d'aggraver l'amende fixée par l'article 96, dont l'application effective est bien suffisante à l'intérêt général.

L'article 129, relatif à la récidive, ne présente aucun avantage sur l'article 96 de la loi de 1810, modifié comme nous le proposons dans son premier paragraphe. Le maximum de l'emprisonnement spécifié par l'article 96 est celui qui est fixé par le Code de police correctionnelle; il semble prudent, pour assurer une exécution effective de la loi des mines, de maintenir ce maximum, en laissant au juge le soin et le pouvoir d'infliger une détention moindre suivant les cas.

Les articles 130 et 131 contiennent, ce semble, des détails inutiles à insérer dans la loi, alors que les articles 94 et 95 actuels suffisent à la pratique des choses.

L'article 132, concernant la juridiction en matière de carrières à ciel ouvert, devient inutile avec la modification finale proposée au § Ier de l'article 81 de la loi de 1810.

Enfin l'article 133 est inutile avec l'addition, ci-dessus proposée, d'un second paragraphe à l'article 96 de la loi de 1810.

Ayant terminé sur la juridiction relative aux mines, nous croyons devoir dire quelques mots des expertises. La loi de 1810 consacre un titre entier aux expertises, le titre IX comprenant les articles 87 à 92, tandis que la loi projetée ne consacre aucun titre à ces expertises. L'exposé des motifs du projet de loi se borne à dire (p. 23) que les titres IX et X de la loi de 1810, relatifs à la juridiction et aux pénalités, étaient de ceux dont la rédaction avait été la plus malheureuse. Nous persistons néanmoins à demander le maintien des articles 87 à 92 de la loi de 1810. L'article 87, qui met les mines dans le régime du droit commun, pose un principe bon à écrire dans une loi organique des mines. L'article 88, concernant le choix des experts, rend

un juste hommage à la compétence et à l'honorabilité des Ingénieurs des mines, sans limiter en rien le choix du juge, qui
a toute latitude pour prendre les experts « parmi les hommes
notables et expérimentés dans le fait des mines et de leurs travaux. »

L'article 92, prévoyant la consignation des sommes jugées
nécessaires pour subvenir aux frais d'expertise, est particuliè-
ment utile à rappeler en matière *d'expertises de mines*. En effet,
on pourrait citer telle expertise, aux environs de Saint-Étienne,
où les experts ont dû faire creuser un puits, pour rechercher
s'il n'existait pas d'anciens travaux de mines sous un terrain
déterminé, dont les dégâts avaient fait naître un litige.

Ces articles 87 à 92 sont entrés dans les usages ; ils n'ont
pas donné lieu à des plaintes sérieuses : il y a donc tout lieu
de les conserver.

tions qui seront prononcées
en exécution de la présente
loi.

TITRE XIII.

Dispositions transitoires.

SECTION I.

DES ANCIENNES CONCESSIONS.

La forme a, dans les lois, une importance qu'on ne saurait
nier : pourquoi l'article 134 du projet, dit-il, dans son paragraphe 1er « Les concessions de mines *octroyées* antérieurement à la promulgation de la présente loi sont confirmées, »
au lieu de dire « Les concessions de mines *instituées* antérieurement à la présente loi, » ou bien, les *concessions antérieures* à la présente loi... ? Ce mot « *octroyées* » aurait,

ART. 134.

Les concessions de mines octroyées antérieurement à la
promulgation de la présente
loi sont confirmées avec les
limites qui leur sont attribuées.

Leurs propriétaires seront
soumis aux dispositions de la
présente loi, tant en ce qui
concerne les obligations aux-

quelles ils seront astreints que les droits dont ils pourront jouir.

Toutefois, jusqu'au 1er janvier 188., les anciennes concessions continueront à être imposées à la redevance fixe et à la redevance proportionnelle d'après les règles actuelles.

A partir du 1er janvier 188., elles seront imposées d'après les règles du titre VII de la présente loi, jusqu'à ce qu'il ait été statué sur les demandes en réduction de périmètre qui auraient été présentées. Les surfaces seront évaluées d'après lesdites demandes.

contrairement aux intentions de l'auteur du projet, un effet certain, mais fâcheux, celui de discréditer dans l'esprit public l'origine des anciennes concessions, et, par suite, d'ébranler injustement la base de la propriété attachée à ces concessions régulièrement instituées, conformément à la loi existante. L'exposé des motifs, dit à la page 8, que, « en décidant que la « mine est attribuée à l'inventeur, on fait reposer un code « minier sur une base démocratique en même temps que sur « une notion essentielle d'équité » : nous n'avons pas à revenir sur les considérations qui nous ont conduit à repousser, pour la France, le système de l'attribution obligatoire de la propriété de la mine à l'inventeur ; nous nous bornons à dire que le désir de faire reposer notre code minier sur une base démocratique ne doit pas conduire à ébranler, contrairement à l'équité, la base de toutes les concessions de mines instituées en France avant le jour d'aujourd'hui, concessions bien autrement importantes, on peut le dire, que toutes les propriétés de mines qui seront attribuées dans l'avenir.

Les législateurs de 1810 se trouvèrent, eux aussi, en face de concessions antérieures, et voici ce qu'ils ont proclamé à l'article 51, dans des termes qu'il est bon de redire : Article 51. « Les concessionnaires antérieurs à la présente loi deviendront, du jour de sa promulgation, propriétaires incommutables, sans aucune formalité préalable d'affiches, vérifications de terrain ou autres préliminaires, à la charge seulement d'exécuter, s'il y en a, les conventions faites avec les propriétaires de la surface, et sans que ceux-ci puissent se prévaloir des articles 6 et 42 ». Qu'on compare l'article 51 précité au paragraphe 1er de l'article 134 du projet et que l'on juge. L'article 7 de la loi de 1810 disait, pour les concessions à venir, que « l'acte de concession donne la propriété perpétuelle de la mine » et l'article 51 disait, pour les concessions anciennes, que les concessionnaires, qui n'avaient droit qu'à une propriété cinquante-

naire, deviendraient désormais, « propriétaires incommutables. »
C'est par l'ensemble de ces articles 7 et 51 de la loi de 1810
que la propriété des mines est devenue en France une propriété stable, pouvant servir de garantie sérieuse aux capitaux
qui s'engagent dans les mines : aussi demandons-nous le
maintien de ces deux articles 7 et 51.

Conservant le principe de l'institution de la propriété des
mines, tel qu'il est posé dans la loi de 1810, nous ne pouvons que rejeter les deux premiers paragraphes de l'article 134.
Mais en même temps, nous nous empressons de le dire, nous
demandons le maintien explicite des articles 51 et 53 de la
loi de 1810. Ces articles se rapportent à plusieurs mines d'une
très grande importance en France : l'article 51 s'applique aux
mines de houille d'Anzin et d'Aniche dans le Nord, la Grand-
Combe, Robiac et Meyranes (Bessèges) et Rochebelle dans le Gard,
Boussagues (Graissessac) dans l'Hérault, Carmaux dans le
Tarn, etc. etc. ; l'article 53 se rapporte aux mines de houille de
Commentry, du Creusot, de Blanzy, etc., etc. Or, pour les
concessionnaires de toutes ces mines, les articles 51 et 53
sont tout à la fois le garantie de leur titre primitif de propriété, en même temps que le document légal établissant
quelle redevance tréfoncière ils doivent payer aux propriétaires du sol.

C'est assez dire que les articles 51 et 53 de la loi de 1810
ne sont pas *transitoires*, dans le sens de « *passagers* », mais
qu'ils sont d'une application *permanente* et actuelle, et qu'il est
indispensable de les conserver. En fait, l'article 51 a été
l'objet d'arrêts divers intervenus depuis 1810 jusqu'à ces derniers temps, lesquels démontrent la nécessité de son maintien.
On pourrait citer à cet égard : l'ordonnance du 10 août 1825
relative aux mines de lignite de Trets (Bouches-du-Rhône);
l'ordonnance du 10 mai 1838 concernant les mines de houille
de Saint-Chamond (Loire); l'arrêt de la Cour de cassation du

7 juillet 1852, relatif à la compagnie Usquin; le décret au
contentieux du 22 août 1853, concernant les mines d'asphalte
de Seyssel, et un décret au contentieux relativement récent,
en date du 10 janvier 1867, au sujet des mines de houille de
Fresnes, appartenant à la compagnie d'Anzin, etc.

D'autre part, l'article 53 de la loi de 1810 a été invoqué
récemment par un arrêt du Conseil d'État du 4 août 1876
concernant les mines de Commentry. Le même article avait
été appliqué antérieurement par les deux ordonnances du 18 février 1832 délimitant les concessions houillères du Creusot et
de Blanzy, par l'ordonnance du 29 décembre 1840 portant
concession des mines de houille de Fiennes etc, etc. Il faut
donc conserver résolument les articles 51 et 53 de la loi
de 1810.

Revenons à l'article 134 du projet.

Les deux derniers paragraphes de cet article se rapportent
aux redevances. Or, nous ne pouvons que nous référer à ce
qui a été dit précédemment sur les redevances des mines, au
sujet des articles 84 à 89 du projet, pour demander d'une part
le maintien des articles 52 et 54 de la loi de 1810, et pour
demander d'autre part le rejet de ces deux paragraphes et, par
suite, de tout l'article 134.

Le propriétaire d'une an-
cienne concession peut en obtenir la réduction, soit par modification de périmètre, soit par
division en plusieurs mines
distinctes. Toutefois, le propriétaire ne pourra laisser
en dehors des nouveaux périmètres des parties du gîte
déjà exploitées qu'avec le
consentement du Gouverne-
ment.

S'il n'y a pas de créanciers
hypothécaires ou privilégiés,

L'article 135 s'occupe de deux choses distinctes, de la réduction des concessions de mines déjà instituées, et de leur
partage. Pour ce qui est du partage, comme nous maintenons,
ainsi qu'il a été dit précédemment, l'article 7 de la loi de
1810, lequel porte qu'« une mine ne peut être vendue par lots
ou partagée sans une autorisation préalable du gouvernement donnée dans la même forme que la concession », il
n'y a plus à s'occuper, dans la loi générale des mines, des
partages de concession. Lorsqu'une demande de partage sera faite,
elle sera portée à la connaissance du public, pendant deux mois,

par les publications et affiches, et il appartiendra tout d'abord aux créanciers hypothécaires et privilégiés de faire telles oppositions qu'ils jugeront utiles à leurs intérêts, avant que l'autorisation de partage soit accordée par le Gouvernement en Conseil d'État. D'autre part, il appartiendra au concessionnaire qui voudra voir aboutir sa demande en autorisation de partage, de produire telle déclaration que de droit, à l'appui de sa demande, pour attester le consentement des créanciers hypothécaires ou privilégiés. Disons enfin, qu'alors que nous maintenons l'article 19 de la loi de 1810, lequel porte que des hypothèques peuvent être prises sur les mines concédées, et l'article 21, qui spécifie que « les autres droits de privilège et hypothèque peuvent être acquis sur la propriété de la mine, aux termes et en conformité du Code civil, comme sur les autres propriétés immobilières »; alors enfin que nous conservons la disposition de l'article 7, portant qu'on ne peut être exproprié d'une mine « que dans les cas et selon les formes prescrites pour les autres propriétés », *il n'y a pas lieu d'insérer dans la loi générale des mines les dispositions de détail formulées dans les paragraphes 2, 3, 4 et 5 de l'article 133, lesquelles sont essentiellement civiles, et se rapportent au Code civil et au Code de procédure civile.*

Quant à ce qui concerne les réductions de concession, nous ne pouvons que nous reporter à ce qui a été dit précédemment au sujet des articles 56 et 57, pour les renonciations de concession : les exemples abondent pour démontrer que le gouvernement a souvent accordé des réductions, comme des renonciations de concession, mais en exigeant, dans un cas comme dans l'autre, un certificat du conservateur constatant l'absence ou la mainlevée des hypothèques sur la mine. Il existe, dans le modèle des cahiers des charges des concessions de mines, un article précédemment cité, qui est commun aux demandes en renonciation à la totalité ou à une partie seulement de la

ou si ceux-ci donnent leur consentement, la réduction ou le partage de la concession primitive sera prononcé par décret délibéré en Conseil d'État, à la suite d'une enquête faite dans les formes prévues aux articles 23 à 27.

Ceux des créanciers hypothécaires ou privilégiés qui s'opposent à la réduction ou au partage, doivent, dans un délai de deux mois à partir de la signification qui leur a été faite dans les formes par le concessionnaire, provoquer la vente judiciaire de la mine; le prix en sera distribué judiciairement. La mine passe à l'acquéreur, libre et franche de toutes charges de la part des créanciers.

Sur la preuve que lesdits créanciers n'ont pas, dans ledit délai de deux mois, provoqué la vente judiciaire, il est passé outre à leur opposition.

Les créances sont reportées dans le même rang sur chacune des mines remplaçant la concession primitive.

concession de mine ; mais comme tous les actes de concession peuvent ne pas porter la cause susmentionnée, et afin d'éviter toute incertitude, on pourrait imiter, pour les réductions, ce qu'on a fait pour les renonciations de concession. Pour cela, une seule chose serait à faire : à la fin du paragraphe 2, ajouté à l'article 49, en ce qui concerne les renonciations de concession, il suffirait d'adjoindre la phrase suivante : « *Le concessionnaire pourra aussi former une demande en renonciation à une partie de son périmètre de concession : cette demande, instruite comme une demande en renonciation totale, en étant accompagnée du certificat du conservateur des hypothèques, aboutira, s'il y a lieu, à un décret de réduction, lequel contiendra des spécifications analogues au cas de renonciation totale.* »

Dans ces conditions, comme le décret de réduction fixera les limites du périmètre réduit, cette réduction « ne pourra laisser en dehors du nouveau périmètre des parties du gîte déjà exploitées qu'avec le consentement du gouvernement », comme le demande la partie finale du 1er paragraphe de l'article 135 : il n'y a donc pas besoin d'écrire cette disposition finale dans la loi des mines.

Quant aux quatre derniers paragraphes de l'article 135, lesquels spécifient des dispositions essentiellement civiles, et se rapportant au Code civil ou au Code de procédure civile plutôt qu'à la loi des mines, nous ne pouvons qu'en demander le rejet : nous nous reportons, pour cela, à ce qui vient d'être dit tout à l'heure, au sujet des partages des concessions, et à ce qui a été dit précédemment, à l'occasion des articles 56 et 57 du projet de loi.

Art. 136.
Les redevances tréfoncières qui ont été attribuées aux propriétaires du sol, en vertu

Il y a deux catégories distinctes de redevances tréfoncières, celles qui se rapportent aux concessions ou exploitations antérieures à la loi de 1810, auxquelles s'appliquent les articles

51 et 53 de la loi de 1810 et celles qui se rapportent aux concessions de mines intituées depuis le 21 avril 1810.

Le projet de loi ne s'occupe que des redevances tréfoncières de la deuxième catégorie ; c'est un tort, attendu l'importance en France des mines régies par les articles 51 et 53 de la loi de 1810 (Anzin, Grand'Combe, Commentry, etc.). Pour ces diverses mines, les articles 51 et 53 ont une double importance : vis-à-vis de l'État tout d'abord, ces articles sont la base du titre de propriété dérivant des concessions ou exploitations antérieures à 1810, et ils doivent être maintenus, ainsi qu'il a été dit déjà ; d'autre part, en ce qui concerne la redevance tréfoncière dont nous nous occupons en ce moment, ce sont ces articles 51 et 53 qui règlent et purgent la redevance tréfoncière, comme elle est réglée et purgée par les articles 6 et 42, pour les concessions instituées postérieurement à 1810.

L'article 51 déclare les concessionnaires antérieurs, propriétaires incommutables... *à la charge seulement d'exécuter, s'il y en a, les conventions faites avec les propriétaires de la surface, et sans que ceux-ci puissent se prévaloir des articles 6 et 42*. D'autre part, en ce qui concerne les exploitations antérieures à 1810, transformées en concessions et délimitées depuis cette époque, l'article 53 dit que cette délimitation aura lieu « *à la charge seulement d'exécuter les conventions faites avec les propriétaires de la surface, et sans que ceux-ci puissent se prévaloir des articles 6 et 42* ».

Ainsi donc, pour toutes les concessions anciennes régies par les articles 51 et 53 de la loi de 1810, *la redevance tréfoncière* consiste à exécuter, s'il y en a, les conventions faites avec les propriétaires de la surface, et à payer soit en nature, soit en argent ce qui est stipulé par ces conventions, ce qui conduit à ne rien payer du tout s'il n'y a pas eu, à cet égard, de conventions antérieures à 1810. Tel est le droit strict et formel, en ce qui concerne les redevances tréfoncières relatives à ces concessions : ce droit ne saurait être enlevé aux redevanciers

des articles 6 et 42 de la loi du 21 avril 1810, sont confirmées et resteront soumises aux dispositions de ladite loi qui les concernaient. Toutefois, le droit aux redevances tréfoncières est réputé charge immobilière de la mine, et les redevances que ce droit peut produire sont considérées comme en étant des fruits civils.

Art. 137.

Le propriétaire de la mine peut, à toute époque, procéder au rachat de ces redevances.

Si la redevance tréfoncière a été réglée à une rente fixe annuelle, indépendante de l'extraction, elle sera rachetée par le versement d'un capital égal à vingt fois le montant de ladite rente.

Si la redevance est proportionnée au produit de l'extraction, le rachat aura lieu par le remboursement aux ayants droit, du capital représentant la valeur du droit aux redevances, au moment où l'exploitant aura signifié son intention de le racheter. À défaut d'entente amiable entre les intéressés, l'évaluation de la somme à rembourser sera fixée par le Conseil de Préfecture qui pourra en prescrire le paiement, soit par un capital une fois versé, soit par annuités suffisamment garanties. Si des créanciers hypothécaires ou privilégiés ont des droits sur les redevances tréfoncières, ledit capital ou lesdites annuités seront consignés, pour le montant en être réparti judiciairement.

Le droit aux redevances tréfoncières sera annihilé au regard de la mine, dès qu'il aura été racheté.

ART. 138.

Les redevances tréfoncières à payer en nature ou en argent, tant qu'elles n'auront pas été rachetées, seront soumises à un impôt de 3 0/0 sur la valeur brute des redevances effectivement payées ; l'exploitant en retiendra le montant lors de ses livraisons ou paiements au redevancier, pour le verser au Trésor dans le délai d'un mois.

sans la plus odieuse violation des principes généraux de justice, et du principe de non-rétroactivité écrit dans notre droit public. Les articles 51 et 53 sont donc et doivent être toujours vivants, en matière de redevance tréfoncière ; et ils sont si peu surannés, qu'on pourrait citer, ce qui a déjà été fait, un arrêt au contentieux assez récent, celui du 4 août 1873, concernant les redevances tréfoncières, rendu au sujet des mines de houille de Commentry.

De ce qui précède il résulte, tout d'abord, que rien de ce qui est écrit dans les articles 136 et 137 du projet de loi ne saurait régir les redevances tréfoncières des concessions de mines auxquelles s'appliquent les articles 51 et 53 de la loi de 1810 ; celles-ci sont exclusivement régies par les *conventions antérieures :* rien de plus rien, de moins ; il n'y a pas à les confirmer par l'article 136 du projet, alors que nous conservons les articles 51 et 53 de la loi de 1810 ; il n'y a pas à définir les redevances tréfoncières résultant de ces conventions, comme l'article 136 du projet le fait d'une manière générale ; il n'y a pas à donner à *l'une des parties contractantes* le droit de rachat, comme le fait l'article 137. Ces conventions, comme toutes les conventions en général, ne sauraient être modifiées *qu'au gré réciproque des deux parties contractantes.*

Nous venons de voir que les articles 51 et 53 de la loi de 1810 ont leur utilité, toujours vivante, en ce qui touche la redevance tréfoncière. Avant d'aller plus loin, nous devons laisser de côté, pour un moment, la question des redevances tréfoncières et formuler diverses observations au sujet de ces concessions, ou jouissances de mines, antérieures à 1810, auxquelles s'appliquent les articles 51 et 53. Rappelons donc que lesdits articles sont toujours vivants et doivent être maintenus, comme formant la base du droit de propriété des mines régies par ces articles. Rappelons, d'autre part, que les articles 52 et 54 de la loi de 1810, corrélatifs avec les articles 40 et 41 de la même loi, règlent le principe des redevances dues à l'État par les mêmes mines, ce qui confirme la nécessité de maintenir les articles 52, 54, 40 et 41 de la loi de 1810. Disons enfin que l'article 55 est important à conserver, comme garantissant le respect des usages locaux, et pouvant fournir, le cas occurrent, une base précieuse pour le règlement équitable des redevances tréfoncières dans des cas exceptionnels (1). Ajoutons que l'article 56 pose, en ce qui concerne la délimitation des mines, des principes de compétence très bons à maintenir, et nous arriverons à cette conséquence que nous tenions à affirmer, savoir : que tous les articles du titre VI de la loi du 21 avril 1810, articles 51, 52, 53, 54, 55 et 56 doivent être textuellement conservés.

Revenons maintenant à la question des redevances tréfoncières et occupons-nous des redevances de la deuxième catégorie, celles qui ont été attribuées aux propriétaires du sol par les articles 6 et 42 de la loi de 1810.

Comme nous ne demandons point l'abrogation de la loi de 1810, mais que nous en conservons les bases, sauf les révisions nécessaires, nous demandons le maintien des articles 6 et 42, dont l'ensemble constitue, au point de vue du principe, un des piliers de la législation de 1810, en raison de ce qu'ils sont la consécration de l'article 552 du Code civil. En conséquence de ce maintien des articles 6 et 42, nous ne pouvons que déclarer inutile la confirmation des redevances tréfoncières, dans les termes où elle est exprimée à l'article 136.

D'autre part, nous demandons le maintien de l'article 17 de la loi de 1810 qui porte que « *l'acte de concession purge* en faveur « du concessionnaire *tous* les droits des propriétaires de la

---

(1) Par exemple, si l'on venait à substituer le régime des concessions à celui des minières dans certains districts, tels que le Berry, par exemple.

» surface... ou de leurs ayants droit... » Nous demandons aussi
le maintien de l'article 18 qui porte que : « la valeur des
» droits résultant en faveur du propriétaire de la surface, en
» vertu de l'article 6 de la présente loi, demeurera réunie à la
» valeur de ladite surface et sera affectée avec elle aux hypo-
» thèques prises par les créanciers du propriétaire. » Nous
maintenons enfin la disposition finale de l'article 19, lequel
porte que « si la concession est faite au propriétaire de la
» surface, ladite redevance sera évaluée pour l'exécution dudit
» article. »

Il suffit, dans la loi organique des mines, de poser des principes généraux en ce qui concerne la redevance tréfoncière;
l'application, à ces principes, de nos règles de droit civil et la
jurisprudence feront le reste. C'est pour cela que nous ne
croyons pas devoir faire insérer dans la loi des mines la partie
finale de l'article 136, qui déclare que le droit aux redevances
tréfoncières est réputé charge immobilière de la mine, et que
les redevances que ce droit peut produire sont considérées
comme en étant des fruits civils.

Quant à l'article 137, qui déclare que le propriétaire de la
mine peut, à toute époque, procéder au rachat de ces redevances,
nous allons démontrer qu'il doit être péremptoirement rejeté.
L'exposé des motifs dit à cet égard (p. 26) : « reprenant
» seulement une idée qui avait été émise dans la discussion
» de la loi de 1810, le projet a stipulé explicitement le droit
» de rachat de ces redevances (art. 137), en indiquant sur
» quelles bases et par quelle procédure il pourrait s'effectuer. »
Il est très vrai que lorsqu'on se reporte au récit de la préparation de la loi des mines tel qu'il est donné par Locré (p. 319)
on y voit que dans la séance du Conseil d'État du 13 février
1810, tenue aux Tuileries sous la présidence de Napoléon, les
opinions suivantes furent émises :

« M. le comte Treilhard pense qu'on doit laisser au pro-

» priétaire le droit de vendre la redevance, sauf le droit des
» créanciers, et même laisser aux concessionnaires le droit de
» s'affranchir de la redevance en en remboursant le capital.

» Napoléon approuve l'opinion émise par M. Treilhard. »

Quelle que soit l'importance de ces opinions, en ce qui
touche le rachat de la redevance tréfoncière par la volonté d'une
seule des parties, le rachat par la seule volonté du concessionnaire,
nous paraît impossible à admettre en présence du texte formel
des articles 6, 17, 18, 19 et 42 de la loi de 1810.

L'article 6 dit que « l'acte de concession *règle* le droit des
propriétaires de la surface sur le produit des mines concédées ;
l'article 42 porte que «le droit accordé par l'article 6 de la présente loi sera réglé *sous la forme* fixée par *l'acte de concession* »;
l'article 17 porte que « l'acte de concession fait après l'accom-
» plissement des formalités prescrites, *purge*, en faveur du
» concessionnaire *tous les droits des propriétaires de la surface* et des
» inventeurs *ou de leurs ayants droit*... Il suit de l'assimilation
écrite dans l'article 17, à savoir que le payement de la redevance
tréfoncière *dans la forme fixée* par *l'acte de concession, comme le
payement des droits d'inventeur stipulés* par *l'acte de concession* lorsqu'il *y a des droits d'invention à payer*, sont tous les deux des *conditions organiques* de l'acte de concession, qu'il n'est pas permis de
modifier sans le consentement mutuel et régulier des parties.
En présence de l'article 16, qui porte que « en cas que l'in-
» venteur n'obtienne pas la concession d'une mine, il aura
» droit à une indemnité de la part du concessionnaire ; elle
» sera réglée par l'acte de concession»; en présence de l'article 17 qui porte que l'*acte de concession purge* en faveur du
concessionnaire tous les *droits des inventeurs* ou de leurs ayants
droit, on ne peut modifier la forme des droits d'inventeur,
et, par exemple, la transformer en rente lorsque l'acte de concession spécifie un capital, ou réciproquement, contre la volonté
des parties, sans violer la justice et faire de la rétroactivité. De

même, dirons-nous, en présence des articles 6, 42 et 17 de la loi de 1810, on ne peut sans violer la justice et faire de la rétroactivité, transformer en capital de rachat, contre le gré des deux parties les redevances tréfoncières *annuelles* dont le taux, le mode de payement et la forme sont fixés par l'acte de concession. Par ce motif, nous croyons devoir repousser tout l'article 137 du projet.

Occupons-nous maintenant de l'article 138, qui établit un impôt de 3 p. 0/0 sur les redevances tréfoncières ; cet article ne change rien aux rapports respectifs du concessionnaire et du redevancier, en ce qui concerne ladite redevance ; il respecte donc les articles 6, 17 et 42 de la loi de 1810 ; il n'y a ici ni injustice, ni rétroactivité ; il y a seulement, de la part de l'État, l'établissement d'un impôt sur un revenu qui n'en supportait pas jusqu'à présent. Dans ces circonstances, nous devons reconnaître que l'impôt proposé par l'article 138 est équitable, et nous proposerions, pour tenir compte de cet article, d'adjoindre à l'article 42 de la loi des mines un paragraphe ainsi conçu :

« *Les redevances tréfoncières à payer en nature ou en argent seront soumises à un impôt de 3 p. 0/0 sur la valeur brute des redevances effectivement payées ; l'exploitant en retiendra le montant lors de la livraison ou payement au redevancier pour le verser au Trésor dans le délai d'un mois.*

Art. 139.

Sont confirmées les indemnités d'inventeur ou d'explorateur qui pourraient être dues en vertu des articles 16 et 46 de la loi du 21 avril 1810. Elles seront considérées comme formant des charges réelles de la mine.

Comme nous proposons de conserver, ainsi qu'il a été dit précédemment, l'article 16 de la loi de 1810 relatif aux indemnités d'inventeur, et l'article 46 de la même loi concernant les indemnités d'explorateur, nous ne pouvons que rejeter, comme inutile, l'article 139 du projet.

Nous proposons de maintenir l'article 5 de la loi du 21 avril 1810, lequel porte que « les mines ne peuvent être exploitées qu'en vertu *d'un acte de concession* délibéré en Conseil d'État ; en conséquence, nous estimons que toutes les clauses de l'acte de concession et du cahier des charges, faisant corps avec cet acte, sont obligatoires pour les concessionnaires de mines, ce qui est la doctrine proclamée par un décret au contentieux du 16 novembre 1850 (Veyras). Dans ces conditions, nous ne pouvons que rejeter, comme inutile, l'article 140 du projet.

Comme nous proposons de maintenir les dispositions générales de la loi de 1810, notamment ce qui concerne l'institution des concessions, les redevances tréfoncières et les indemnités aux inventeurs et aux explorateurs, etc., nous ne pouvons que proposer le rejet de l'article 141, qui n'aurait pas de place utile dans la loi organique des mines ainsi entendue.

ART. 140

Sont confirmées et continueront à être exécutées les dispositions des actes de concession ou des cahiers des charges qui astreignent certains concessionnaires à livrer dans des conditions déterminées, une partie de leurs produits à des prix particuliers.

ART. 141.

Sont confirmés, conformément à la législation qui les régissait, en tout ce qui n'est pas contraire aux dispositions du présent titre, les droits définitivement acquis entre particuliers.

Disposition transitoires.

SECTION II.

DES ANCIENNES MINIÈRES.

L'examen de l'article 142 du projet de loi nous amène forcément, à exposer avec quelques développements, diverses considérations générales sur les minières.

Dans le système de classification des substances minérales, servant de base à la loi du 21 avril 1810, il n'y a qu'une seule catégorie de minières *métalliques*, les *minières de fer*. Ces minières de fer, reconnues ainsi par la loi, fournissaient un exemple de la consécration des usages séculaires, établis en France, pour l'exploitation des gîtes, plus ou moins superficiels.

ART. 142.

Le propriétaire d'une minière comprise dans le périmètre d'une ancienne concession de mines de même nature ou dans celui d'une mine nouvelle de même nature instituée en conformité de la présente loi, pourra l'exploiter à ciel ouvert sans travaux d'art, jusqu'à ce que le Préfet ait décidé que les travaux ne peuvent être continués sans inconvénients pour l'exploitation de la mine.

L'exploitation de la minière devra être arrêtée en tout cas, dès que l'écoulement de l'eau ne s'opérera pas d'une façon naturelle, permanente et par un travail à ciel ouvert.

Le propriétaire de la mine pourra toujours obtenir l'annexion de la minière établie sur les affleurements de ladite mine. Mais alors, il devra au propriétaire de la minière une indemnité pour l'estimation de laquelle il sera tenu compte du bénéfice net que celui-ci aurait pu retirer de l'exploitation de la minière, si elle avait été continuée jusqu'à la limite résultant de l'application du paragraphe précédent. Cette limite sera fixée par un arrêté du Préfet. L'indemnité sera réglée par les tribunaux.

Dans tous les cas, les exploitations de minières prévues au présent article sont soumises aux dispositions des articles 7 et 124.

de minerais de fer par le propriétaire du sol on par le propriétaire de forges du voisinage.

On aurait pu croire que le projet de loi nouveau ne gardant que deux classes légales de substances minérales, « les *mines* et les *carrières* », les minières disparaissent dans l'avenir, et cette disparition est proclamée dans l'exposé des motifs (p. 26) ; on va voir qu'il n'en est rien au fond :

« *Par l'article* 7, dit l'exposé des motifs (p. 5), *le projet étend*
» *à des substances minérales autres que le minerai de fer, qui se*
» *présenteraient dans des conditions identiques de gisement, la possi-*
» *bilité de ces exploitations qui techniquement constituent des minières*
» *à ciel ouvert.* Seulement ce n'est pas un droit de propriété
» que la loi reconnaît par là aux propriétaires du sol ; c'est
» seulement l'exercice d'une faculté dont ils ne peuvent jouir
» qu'en vertu d'une autorisation de l'administration ; l'autori-
» sation serait refusée si cette exploitation pouvait avoir ou
» était reconnue avoir des inconvénients pour l'exploitation
» de la mine qui pourrait se trouver en profondeur ».

Jusqu'à ce jour, comme consécration de ce quelque chose qui a bien sa valeur, *la Coutume*, lorsqu'elle est plusieurs fois séculaire, nous avions en France des *minières de fer* : nous aurions désormais, de par les articles 7 et 124, des minières pour tous les gîtes métallifères superficiels, c'est-à-dire, des *minières de fer, minières de plomb, minières de zinc, minières de cuivre, d'antimoine, etc.*, etc.

Dans l'état actuel des choses l'administration a beaucoup de difficulté et de peine à fixer le moment où une exploitation de gîte de minerai de fer superficiel doit cesser, alors « *qu'elle ne peut être continuée sans inconvénient pour l'exploitation ultérieure du gîte* » ; que sera-ce quand il faudra spécifier et décider en pareille matière, non seulement pour les exploitations superficielles de minerai de fer, mais pour celles de minerai de plomb, de zinc, d'antimoine, de cuivre, etc. ? On le voit donc : la suppression *des minières*, dans le système du nouveau projet de loi, comme classe de substances minérales, n'est qu'une question de mots : la chose subsiste et bien plus elle est aggravée.

On ne peut donc que repousser le système organisé par le projet de loi pour les minières nouvelles de minerais métalliques de toutes sortes, organisé par les articles 7 et 124 ; loin de supprimer les difficultés présentes, il ne ferait que les multiplier.

Le premier paragraphe de l'article 142 porte que le propriétaire d'une minière de fer déjà existante, comprise dans le périmètre d'une mine de fer, pourra l'exploiter à ciel ouvert, sans travaux d'art, jusqu'à ce que le Préfet ait décidé que les travaux ne peuvent être continués sans inconvénient pour l'exploitation de la mine.

Deux observations doivent être faites à cet égard: la première, c'est que cet article supprime *ipso facto*, toutes les minières souterraines, ne comprenant que des travaux de peu d'étendue et de peu de durée. En droit, ces minières souterraines de peu d'importance, avaient été visées, dès la préparation de la loi de 1810, puisque au sujet de ces mots *travaux réguliers* de l'article 68, il fut fait, dans la séance du Conseil d'État du 17 mars 1810, l'importante observation suivante (1):

« De ce qu'un mineur fait au fonds d'un puits une petite » fouille latérale, il n'y a pas lieu d'exiger qu'il y ait con- » cession. L'esprit de l'article étant de ne la rendre nécessaire, » que quand il faut pousser des travaux réguliers et en grand, » par des galeries d'exploitation. »

En droit encore, nous devons dire que l'article 57 de la loi de 1810, modifié par la loi libérale du 9 mai 1866, faisant une distinction entre les minières à ciel ouvert, soumises à la seule déclaration (comme les carrières), et les minières souter-

---

1] Locré, p. 370.

raines, soumises aux permissions préfectorales, a par cette différence même, *reconnu la légalité des minières souterraines.*

Or, si l'on passe aux considérations de fait, on reconnaît
bien vite, que l'exploitant d'une minière de fer ouverte à ciel
ouvert est amenée souvent, par les nécessités techniques
d'une exploitation économique, à pousser en certaines directions
commandées, soit par l'exploitation même, soit par l'allure d'un
gîte irrégulier comme le sont fréquemment ceux de minerais
de fer, à pousser, disons-nous, divers bouts de galerie de peu
d'étendue et de peu de durée. La chose est d'autant plus
nécessaire ici, qu'il s'agit de minerai de fer, c'est-à-dire, d'une
substance qui *ne peut être exploitée qu'avec un très bas prix de
revient*, sous peine de n'être pas vendue. Or, l'article 142
du projet, en supprimant les minières souterraines, porterait
un préjudice réel à l'exploitation économique du minerai de
fer dans certaines régions de la France, et ce motif seul
devrait le faire repousser.

La seconde observation à faire est la suivante : en l'état
actuel des choses, dans le cas de minières existant dans les
périmètres de concessions de fer, l'exploitation à ciel ouvert doit
cesser lorsqu'elle ne pourrait être prolongée *sans rendre impossible
l'exploitation aux puits et galeries régulières* (art. 70 modifié de
la loi de 1810). Ce point technique est assez difficile à fixer, on
le sait : mais il ne sera pas plus facile d'appliquer la disposition de l'article 142, laquelle charge le Préfet de décider
« *que les travaux ne peuvent être continués sans inconvénient pour l'ex-
» ploitation de la mine.* » Il faut donc le dire : avec l'article 142,
la difficulté sera la même.

Il est vrai que l'article 142 contient, dans sa partie finale,
une disposition nouvelle, portant que « *l'exploitation de la
» minière devra être arrêtée en tous cas dès que l'écoulement de l'eau
» ne s'opérera plus d'une façon naturelle, permanente et par un
» travail à ciel couvert.* » Conséquemment à ces dispositions,

dans certains pays de plaine, comme le Berry, par exemple, où il y a des minières de fer nombreuses, toute minière devrait être arrêtée *quand l'épuisement* (difficile à organiser par tranchées dans des régions plateuses), *ne pourrait plus se faire que par une pompe à bras*, ou bien *par un manège !* C'est assez dire que l'article 142 rendrait impossible, dans un certain nombre de régions de la France, l'exploitation de diverses minières de fer, minières précieuses néanmoins pour l'intérêt général, en raison du bon marché de leurs produits : c'est un second motif pour faire repousser l'article 142 du projet de loi. Ajoutons, d'autre part, que le deuxième paragraphe de l'article 142, lequel permet l'annexion de la minière à la mine est inutile si l'on conserve, ce que nous proposons, l'article 70 de la loi actuelle, qui spécifie la même faculté pour le propriétaire de la mine : nous ne pouvons ainsi que maintenir notre proposition de rejet pour l'article 142.

Dans l'état actuel de notre législation, les minières sont régies, en dehors des tourbières dont il a été déjà parlé, par les articles 3, 57, 58, 68, 69, 70, 71 et 72 de la loi de 1810. L'article 3 est spécial à la classification des minières : nous n'avons rien à ajouter à ce qui a été dit précédemment.

Les articles 57 et 58 de la loi primitive ont reçu leur forme actuelle de la loi du 9 mai 1866. Cette loi, qui a modifié d'une manière si libérale le régime économique des forges, des minières et des mines de fer, a aussi modifié la surveillance administrative des minières dans les articles 57 et 58 dont il est question. Les paragraphes 1 et 2 de l'article 57 ont proclamé la faculté, pour les propriétaires de la surface, d'ouvrir, sous la seule condition d'en faire la déclaration au Préfet, des minières à ciel ouvert sur les gîtes de minerais de fer de toutes sortes, en couches ou en filons, alors que sous le régime primitif de 1810 il fallait une permission. Cette disposition libérale doit être conservée.

Le dernier paragraphe de l'article 57 exige, pour les minières souterraines, une permission du Préfet, la permission déterminant les conditions spéciales auxquelles l'exploitant est tenu en ce cas de se conformer : cette aggravation de la surveillance administrative se justifie d'elle-même. A un autre point de vue, cette disposition même, du troisième paragraphe de l'article 57, homologue l'existence, très favorable à l'industrie des minières de fer, de ces minières à ciel ouvert comprenant comme appendice des travaux souterrains de peu d'étendue et de peu de durée, que l'article 68 tolère, en quelque sorte, d'une façon implicite et indirecte, lorsqu'il dit qu'on ne pourra pas pousser des *travaux réguliers par des galeries* souterraines dans une exploitation de minerai de fer d'alluvion, sans avoir obtenu une concession. L'article 57 mérite donc d'être conservé en entier.

Nous en dirons de même de l'article 58 modifié par la loi du 9 mai 1866. Cet article sanctionne fortement la surveillance administrative des minières, d'une part en ce qu'il oblige à l'observation des règlements de minières, alors qu'il existe un certain nombre de règlements locaux de ce genre contenant de précieuses dispositions, et d'autre part, en ce qu'il met les minières dans le même cas que les mines, au point de vue des pénalités et de la juridiction correctionnelle.

Les articles 68 et 69 corrélatifs d'une part avec les articles 57 et 58, dont il vient d'être question, et d'autre part avec l'article 70 dont on va parler, tout à l'heure, méritent aussi d'être conservés. L'article 68 spécifie la nécessité d'une concession pour les minerais de fer d'alluvion alors que l'exploitation comporte des travaux réguliers par galeries souterraines : cette nécessité qui garantit le bon aménagement des gîtes en profondeur, doit rester écrite dans la loi. L'article 69, de son côté, tout en étant libéral vis-à-vis des propriétaires de la surface, pour l'exploitation à ciel ouvert des gîtes de minerais de fer de toute

nature (minerais dits d'alluvion, minerais en filons ou couches),
maintient le principe de la concession pour les parties basses
du gîte à atteindre, alors que l'exploitation à ciel ouvert cesse
d'être possible, ou que, quoique possible encore, elle doit durer
peu d'années, et rendre ensuite impossible l'exploitation avec
puits et galeries : or ce principe ne peut qu'être approuvé au
point de vue du bon aménagement de la richesse minérale.
Ajoutons enfin, que les articles 68 et 69 sont mentionnés dans
la plupart des concessions de mines de fer, instituées depuis
1810, et que leur maintien dans la loi des mines, préviendra
toutes difficultés au sujet desdits actes de concession.

Mais les modifications apportées par la loi du 9 mai 1866 à la
loi primitive de 1810, en ce qui concerne les minières et les
mines de fer, ne pouvaient pas suffire : en effet, d'une part,
les propriétaires de la surface, débarrassés des précédentes en-
traves vis-à-vis des maîtres de forges, et libres de disposer des
produits de leurs minières comme des produits de leurs champs,
développèrent leurs travaux, en usant jusqu'à l'extrême limite
des droits qui leur étaient conférés par les articles 68 et 69
primitifs, et par les articles 57 et 58 révisés : les concessionnaires de mines de fer, d'autre part, débarrassés par l'article 2
de la loi du 9 mai 1866 de la servitude, stipulée par l'ancien
article 70, de fournir aux usines usagères, disposèrent librement, eux aussi, des produits de leurs mines, et poussèrent
jusqu'à l'extrême limite de leurs droits le développement de
leurs travaux souterrains vers la surface. Une sorte de guerre
incessante se trouvait ainsi organisée entre certains concesssion-
naires de mines de fer et les propriétaires de minières de fer
superposées ou juxtaposées.

C'est pour mettre un terme à cette guerre que la loi du
27 juillet 1880, alors qu'elle modifiait un certain nombre d'articles de la loi de 1810, a modifié l'article 70. L'article 70 révisé, tout en faisant une juste part aux autorités administratives

ou judiciaires en ce qui touche la compétence, a donné, en principe, aux concessionnaires de mines de fer la double faculté, qu'ils n'avaient pas auparavant, soit de faire interdire par le Ministre une minière superposée dont l'exploitation n'aurait pu se prolonger sans rendre ensuite impossible l'exploitation avec puits et galeries régulières, soit de réunir à leurs mines des minières exploitables à ciel ouvert, ou non encore exploitées, le tout moyennant une juste indemnité. La question résolue en principe par l'article 70 révisé est très ardue : elle présentera sûrement des difficultés dans la pratique des choses, mais ces difficultés étaient inévitables, et le temps et la jurisprudence en auront raison. Ajoutons que la révision de cet article 70 est encore de date récente, puisqu'elle ne remonte qu'à six années, et que tous les bons effets qu'on peut en attendre ne sont pas encore obtenus. Ce qui est vrai, c'est que cet article a armé les concessionnaires de mines de fer d'un droit indispensable pour le bon aménagement de ces mines, en même temps qu'il a respecté les droits acquis des propriétaires de minières ; il a satisfait à l'équité en même temps qu'aux principes généraux de compétence. Enfin, dirons-nous en terminant, cet article 70 fournit désormais, entre les concessionnaires et les propriétaires de minières de fer, *une base de conciliation amiable* pour terminer leurs différends, laquelle n'existait pas auparavant et qui deviendra efficace avec le temps. Par tous ces motifs, nous demandons le maintien de l'article 70 révisé.

Les articles 71 et 72, qui se rapportent aux terres pyriteuses et alumineuses, ont beaucoup moins d'importance que ceux qui concernent les mines de fer. Néanmoins, il existe dans l'Oise et dans l'Aisne des exploitations de terres alumineuses, d'une certaine consistance, puisqu'en 1880 ces exploitations ont occupé 200 ouvriers pendant huit mois de l'année, pour une extraction de 70,000 mètres de terres environ.

Nous pensons donc qu'il y a lieu de conserver, en la simplifiant, la section III du titre VII, intitulée « *Des terres pyriteuses et alumineuses* », laquelle comprend les articles 71 et 72. La loi du 9 mai 1866 ayant, par l'abrogation des articles 59 à 67 de la loi de 1810, supprimé le principe de l'exploitation d'office des minières de fer en rendant la liberté économique aux propriétaires de ces minières, il y a toute raison de faire de même vis-à-vis des propriétaires des autres minières, qui sont les exploitations de terres pyriteuses et alumineuses. Il y a lieu, en conséquence :

1º Alors que l'article 71 primitif disait : « L'exploitation des terres pyriteuses et alumineuses sera assujettie aux formalités prescrites par les articles 57 et 58, soit qu'elle ait lieu par d'autres individus qui, à défaut par ceux-ci d'exploiter, en auraient obtenu la permission, » il conviendrait de dire désormais :

ART. 71.

L'exploitation des terres pyriteuses et alumineuses sara assujettie aux formalités prescrites par les articles 57 et 58 *révisés par la loi du 9 mai 1866 ;*

2º Il faut abroger l'article 72, lequel est ainsi conçu : « Si l'exploitation a lieu par des non-propriétaires, ils seront assujettis, en faveur des propriétaires, à une indemnité qui sera réglée de gré à gré ou par experts.

Ces propositions concernant les articles 71 et 72 sont conformes à celles qu'avait faites le Conseil général des mines en 1875-1876.

SECTION III.

DISPOSITIONS SPÉCIALES.

Art. 143.

A partir de la promulgation de la présente loi, jusqu'à sa mise en vigueur, il ne pourra être présenté aucune demande en permis de recherche, ni en concession de mine, en réduction, extension ou réunion de concessions.

Art. 144.

Il sera statué sur les demandes en permis de recherche, concession, réduction, extension ou réunion, encore pendantes lors de la promulgation de la présente loi, conformément à la législation actuellement en vigueur.

Art. 145.

Les permis de recherche délivrés par décrets et non encore périmés sont transformés de plein droit à partir de la mise en vigueur de la présente loi, pour l'étendue des terrains stipulés auxdits décrets, en permis administratifs de 2 ans, soumis aux dispositions du titre II.

Les titulaires desdits permis auront pendant six mois, à dater de la mise en vigueur de la présente loi, un droit de préférence sur tous autres pour faire étendre, s'il y a lieu, le périmètre à eux attribué conformément aux dispositions de l'article 10.

Le permis étendu par application du paragraphe précé-

Les articles 143 à 148 n'ont plus raison d'être alors que nous demandons la conservation des bases établies par la loi du 21 avril 1810 pour les permis de recherches, pour l'obtention des concessions de mine, et les réductions, extensions ou réunions de concessions : nous ne pouvons donc que proposer le rejet de ces six articles.

dent ne pourra en aucun cas
avoir une durée de plus de
deux ans à partir de la promulgation de la présente loi.

Art. 146.

Les explorateurs autorisés
à disposer du produit de leurs
recherches auront pendant six
mois, à dater de la mise en
vigueur de la présente loi, un
droit de préférence pour obtenir un permis administratif
conformément aux dispositions
du titre II.

Art 147.

Les propriétaires du sol ou
leurs ayants-droit non munis
actuellement de permis de
vente des produits de recherches, auront pendant six mois,
à dater de la mise en vigueur
de la présente loi, un droit de
préférence pour obtenir dans
leurs terrains un permis administratif soumis aux dispositions du titre II.

Art. 148.

En cas de concurrence entre
les trois catégories de demandeurs prévues aux articles
145 paragraphe 2, 146 et 147,
le Préfet répartira entre eux
les terrains qui feraient l'objet de demandes simultanées.

TITRE XIV.

Dispositions générales.

Nous pensons que l'article 149 relatif aux mines de l'Algérie ne doit pas trouver sa place dans la loi des mines de la
France, mais bien dans une loi spéciale qui transposera à l'Algérie tout ou partie des lois de mines de la métropole, en lais-

Art. 149.

La présente loi sera applicable en Algérie avec réserve
de la modification suivante à
l'article 10 :

Le demandeur en permis de recherches est dispensé de toute signification aux propriétaires du sol intéressés.

La demande doit être publiée et affichée, aux frais du demandeur, pendant quinze jours aux chefs-lieux des communes sur lesquelles porte le périmètre demandé.

sant à des règlements d'administration publique, le soin de déterminer les détails d'application spéciaux à cette colonie (1).

Art. 150

La présente loi entrera en vigueur à la date du 1er janvier 188 .

Les règlements d'administration publique qui sont prévus aux articles 33, 88 et 118 de la présente loi devront être rendus avant cette date.

Des règlements d'administration publique détermineront les détails d'application de toutes les parties de la présente loi.

Nous ne pouvons que repousser l'article 150 en faisant les observations suivantes.

Le paragraphe 1er est notoirement inutile, alors que nous proposons de ne point modifier les bases de la loi de 1810. Le second paragraphe est dangereux ; fixer une date pour la venue au jour de règlements d'administration publique de l'importance de ceux qui sont prévus à ce paragraphe, c'est s'exposer à l'alternative suivante : si la date est trop rapprochée, on court risque d'avoir des règlements d'administration publique faits avec précipitation : si la date est lointaine, il y aura un fâcheux intervalle de transition entre la promulgation de la loi nouvelle et la date à laquelle elle sera applicable, cette date devant être postérieure à celle de la publication de ces règlements. Observons enfin que le 3e paragraphe de cet article 150 est désormais inutile, alors que nous mentionnons au 2e paragraphe de l'article 47 révisé, l'intervention future de règlements d'administration publique pour déterminer les détails d'application des diverses parties de la présente loi. *en modifiant s'il y a lieu les règlements existants.*

1) Rappelons, à titre de document, que l'article 5 de la loi du 16 juin 1851 sur la constitution de la propriété en Algérie est ainsi conçu : « Les mines et minières sont régies « par la législation de la France. »

Il résulte de tout ce qui précède que nous ne proposons point d'abroger la loi du 21 avril 1810, avec les modifications qui y ont été introduites par les lois des 9 mai 1866 et 27 juillet 1880.

Nous demandons seulement d'abroger les deux articles 39 et 72 et de modifier vingt-deux articles de la loi du 21 avril 1810, ainsi qu'il est indiqué à l'annexe ci-après.

Nous demandons le maintien jusqu'à nouvel ordre :

De la loi du 27 avril 1838 et de l'ordonnance du 23 mai 1841 relative à son exécution ; De la loi sur le sel du 17 juin 1840 et de l'ordonnance sur le sel du 7 mars 1841.

Nous demandons également le maintien, jusqu'à leur modification éventuelle par les règlements d'administration publique à intervenir, conformément au 2⁰ paragraphe de l'article 47 révisé :

Des décrets du 18 novembre 1810, 6 mai 1811 et 3 janvier 1813 ;

Des ordonnances des 18 avril 1842 et 26 mars 1843 ;

Du décret du 11 février 1874, sur les redevances ;

Et du décret du 25 septembre 1882.

Pour ce qui est du décret du 23 octobre 1852, relatif aux réunions de concessions, nous proposons seulement, ainsi qu'il a été dit, d'abroger l'article 2 de ce décret, en ce qui concerne la menace de retrait de concession portée audit article.

Dans ces conditions nous ne pouvons que proposer le rejet intégral de l'article 151 du projet.

Au lieu et place de cet article 151 et de tout le projet de loi nous proposerions, au titre modeste d'indication et sous la réserve expresse d'une étude préparatoire par le Conseil des mines et le Conseil d'État, un projet de loi ainsi conçu :

Loi du... portant modification de plusieurs articles de la loi du 21 avril 1810, sur les mines.

ART. 151.

À partir de la mise en vigueur de la présente loi, seront abrogés :

1⁰ La loi du 21 avril 1810 avec les modifications qui y ont été introduites par les lois des 9 mai 1866 et 27 juillet 1880 ;

2⁰ La loi du 27 avril 1838 ;

3⁰ Les articles 1 à 4 de la loi du 17 juin 1840 ;

4⁰ Les décrets des 18 novembre 1810, 6 mai 1811 et 3 janvier 1813 ;

5⁰ Les ordonnances du 7 mars 1841 sur le sel ; du 23 mai 1841 pour l'exécution de la loi du 27 avril 1838 ; du 18 avril 1842 ; du 26 mars 1843 ;

6⁰ Le décret du 23 octobre 1852 ;

7⁰ Le décret du 11 février 1874, sur les redevances ;

8⁰ Le décret du 25 septembre 1882 ;

Et généralement toutes les dispositions des lois, décrets et ordonnances contraires à celles de la présente loi.

Art. 1er

Sont abrogés les articles 39 et 72 de la loi du 21 avril 1810, et l'article 2 du décret du 23 septembre 1852 sur les réunions de concession, en ce qui concerne la menace de retrait de concession porté au dit article.

Art. 2

Les articles 2, 4, 7, 10, 29, 30, 31, 32, 34, 37, 42, 43, 44, 45, 46, 47, 49, 50, 74, 81, 93 et 96 sont modifiés comme suit.

Art. 3

Sont abrogées toutes les dispositions des lois, décrets et ordonnances contraires à celles de la présente loi.

RÉSUMÉ.

Après avoir étudié et discuté successivement tous les articles du projet de loi des mines, nous croyons devoir clore cette étude par le résumé suivant.

La classification des substances minérales en *mines, minières* et *carrières* est une des bases fondamentales de la loi du 21 avril 1810. Le projet de loi supprime la classe des minières sans motif sérieux : nous demandons le maintien de la classification fondamentale.

La loi de 1810 a établi, dans le régime des recherches de mines, une dualité féconde qui encourage, tout à la fois, les inventeurs et les propriétaires du sol, en respectant l'article 552 du Code civil, lequel forme une des bases du droit civil français. Nous demandons le maintien du système actuel, en modifiant profondément l'article 10 de la loi de 1810, de manière à assurer à tout explorateur sérieux la faculté de faire des recherches sur le terrain d'autrui et d'obtenir sûrement et promptement un permis de recherches.

Respectueux de la coutume, plus que séculaire en France, concernant l'exploitation superficielle des minerais de fer, nous demandons le maintien du régime des minières de fer, tel qu'il est organisé par les articles 57, 58, 68, 69 et 70 de la loi de 1810; mais nous repoussons, pour les métaux autres que le fer, plomb cuivre, zinc, antimoine, etc., cette institution d'exploitations superficielles des gîtes métallifères, proposée par le projet de loi, laquelle aurait pour effet d'organiser un véritable gaspillage de la richesse minerale.

Une lacune est comblée par le projet en ce qui concerne

l'exploitation des sables métallifères dans les cours d'eau ou sur le rivage de la mer ; nous en tenons juste compte en proposant un paragraphe additionnel à l'article 2 de la loi de 1810, qui définit la classe des mines.

Le système d'attribution de la propriété de la mine à l'inventeur, avec faculté incidente pour l'Etat, de mettre parfois en adjudication les mines nouvelles à instituer, lequel forme la base du projet de loi, est en contradiction formelle avec l'article 552 du code civil, un des fondements de notre droit civil. Ce motif seul doit suffire à lui faire préférer le maintien du système actuel d'institution de la propriété des mines, qui concilie le respect des droits des propriétaires du sol avec les encouragements à donner aux inventeurs.

Le système des concessions de mines, tel qu'il est organisé par la loi de 1810, permet d'accorder des périmètres d'étendue très variable, suivant les circonstances et la nature du gîte et sans limitation d'un maximum de superficie comme, par exemple, celui de 800 hectares, spécifié par le projet pour les mines de houille. Ce système est le plus conforme aux nécessités résultant de l'allure des gîtes minéraux de la France. Dans le domaine des faits, le prodigieux développement de l'industrie houillère du Pas-de-Calais, grâce aux concessions instituées depuis 1810, est une éclatante justification de notre système d'institution de la propriété des mines et de sa parfaite harmonie avec la nature de nos gîtes minéraux; celui-ci est donc le plus favorable aux intérêts généraux de l'industrie minérale. Observons même qu'il est le plus favorable aux ouvriers mineurs : en effet, les concessions étendues, admises par la loi de 1810, permettent, par l'avantage de grandes réserves minérales, d'avoir des installations et outillages perfectionnés, grâce auxquels les exploitants peuvent abaisser certains éléments du prix de revient, en élevant un peu l'*élément salaire*, qui est la part de l'ouvrier.

Enfin, il est une considération de *paix sociale* qui doit faire repousser en France le système organisé par le projet de loi pour l'institution de la propriété de la mine aux inventeurs ou bien aux adjudicataires : c'est qu'il ébranlerait indirectement, mais inévitablement, *le droit de propriété des mines existantes*, et qu'il serait à cet égard essentiellement *révolutionnaire* : aux propriétaires de ces mines, on dirait : « vous n'êtes pas l'inventeur de votre mine, vous ne l'avez pas achetée à l'État, votre possession est donc injuste et l'État doit vous reprendre votre concession, sauf indemnité s'il y a lieu » ; il est facile de prévoir le désastre économique et le trouble social qui suivraient des revendications pareilles.

En ce qui concerne les relations entre les exploitants de mines et les propriétaires de la surface pour dégâts ou occupations de terrain, l'article 69 du projet comble une lacune de la législation existante : les dispositions de cet article ont pour but de combattre les spéculations abusives qui se pratiquent quelquefois pour les constructions élevées dans le voisinage des mines sur des terrains notoirement fissurés. Or il est facile, comme nous le proposons, d'insérer ces dispositions dans la loi actuelle, en ajoutant un huitième paragraphe à l'article 43 de la loi de 1810 révisée par la loi du 27 juillet 1880. En ce qui concerne les voies de communication, nous proposons, d'autre part, de modifier les premiers paragraphes des articles 43 et 44 : ces articles ainsi révisés donneront, croyons-nous, une juste satisfaction aux intérêts généraux de l'industrie minérale, sans léser les intérêts primordiaux de la propriété de la surface.

La loi du 21 avril 1810 ne contient qu'un seul article relatif aux relations entre propriétaires de mines, l'article 45. Afin de ne pas détruire la codification d'une loi organique constituant notre code minier, codification dont le maintien est un précieux avantage dans la pratique, nous avons proposé l'adjonction, à

24

cet article 45, d'un dernier paragraphe additionnel, contenant les dispositions utiles des articles 75 à 83 du projet de loi et particulièrement celle qui se rapporte aux syndicats libres.

Le projet de loi élève la redevance fixe sur les mines de 0 fr. 10 c. à 3 fr. 50 c. ou même à 4 fr. 50 c. par hectare, ce qui est exorbitant. Beaucoup de capitaux sont entrés avec confiance dans l'exploitation des concessions étendues, parce que cette étendue même présentait une réserve minérale leur servant de garantie ; cette élévation abusive de la redevance fixe, qui commandera forcément des réductions de périmètres, sera presque une spoliation, qui deviendrait une confiscation si l'État met en adjudication, comme il en aurait le droit, les portions de périmètre devenues libres. Une pareille *expropriation*, quoique sous la forme persuasive, mais *sans indemnité*, serait contraire à nos mœurs, contraire à notre droit public, contraire à la justice : nous espérons que les législateurs ne la permettront pas.

On invoque, en faveur de l'accroissement de la redevance fixe, la compensation qui résultera de l'abaissement de la redevance proportionnelle de 5,5 à 3 0/0 de revenu net : compenser, c'est donner à une personne l'équivalent du préjudice qu'on lui fait ; or ici, ce serait tout autre chose, car un très grand nombre de concessionnaires seraient surchargés de ce dont seraient allégés *les autres*.

Pour ce qui est de la redevance proportionnelle, nous nous bornerons à demander ce que portent les articles 35 et 37 de la loi de 1810, à savoir, qu'elle ne dépasse pas 5 0/0 du revenu net, c'est-à-dire du revenu réel, et non pas d'un revenu fiscal plus ou moins arbitraire.

Nous demandons, en matière de redevances, l'abrogation de l'article 39 de la loi de 1810, qui ne peut que donner lieu à des revendications erronées en ce qui concerne l'emploi de ces redevances.

Nous reconnaissons la justesse de l'article 89 du projet, qui pose, en principe, la possibilité de prononcer la déchéance, à défaut du paiement de la redevance fixe pendant deux années consécutives; nous demandons seulement que le délai soit porté à trois ans, et nous proposons d'adjoindre à ce sujet un paragraphe à l'article 37 de la loi de 1810.

Le titre VIII du projet, relatif à la surveillance des mines par l'administration, introduit dans la loi des dispositions d'ordre réglementaire, écrites pour la plupart dans les règlements actuels lesquels sont abrogés d'ailleurs par l'article 151 du projet. Cette méthode a un grand défaut : c'est de nuire à la stabilité de la loi organique des mines, en y introduisant des dispositions d'ordre réglementaire, devant varier avec les nécessités et le perfectionnement de l'art des mines.

Au lieu de ce système, nous demandons le maintien des règlements existants, jusqu'à ce qu'il intervienne, comme nous nous proposons de le dire dans l'article 47 révisé de la loi de 1810, des règlements d'administration publique, pour l'application des diverses parties de la loi organique, règlements qu'on pourra faire en y mettant le temps nécessaire, et en consultant le Conseil général des mines.

Le projet de loi propose (art. 91) de combler une lacune, en ce qui concerne le pouvoir à donner au Ministre des Travaux publics de prendre des arrêtés réglementaires, en conformité et par délégation des règlements d'administration publique à intervenir : nous reconnaissons qu'il y aurait lieu d'inscrire cette faculté dans un paragraphe additionnel à l'article 47 de la loi de 1810.

Enfin, le projet spécifie dans le paragraphe final de l'article 96, la faculté pour les Ingénieurs des mines de *donner aux arbitres spéciaux légalement constitués, en cas de grève, les renseignements qu'ils auraient recueillis sur les mines soumises à leur surveillance*; nous protestons de toutes nos forces contre l'insertion de pareille clause dans la loi organique des mines. Cette insertion permettrait aux Ingénieurs des mines de sortir de leur sphère : elle mettrait *a priori* les Ingénieurs des mines et les exploitants en état de méfiance réciproque et nuirait ainsi au bon exercice de la surveillance administrative ; enfin, ce qui est le plus grave, cette insertion serait, malgré l'intention de l'auteur du projet de loi, une invitation indirecte, mais réelle, à la grève dans toutes les mines de la France, et pousserait à une révolution sociale dans le personnel des mines.

En ce qui concerne les mines inexploitées, nous proposons de modifier l'article 49 de la loi de 1810, de manière à concilier les justes intérêts de tous : le paragraphe 3 de l'article 49 revisé pourvoit à ce cas.

Le projet de loi contient un titre entier, le titre X, articles 107 à 113, concernant les exploitations de sel, qui sont soumises actuellement à la loi spéciale du 17 juin 1840. Une seule observation est à faire à ce sujet : la réfection de la loi générale des mines est, en elle-même, une œuvre assez complexe et assez difficile, pour qu'il n'y ait pas lieu d'y adjoindre des dispositions spéciales aux exploitations de sel. Si des modifications doivent être proposées à la loi sur le sel du 17 juin 1840, il y aura lieu de le faire séparément, ce qui conduit à écarter les articles 107 à 113 du projet.

Les articles 114 à 121, relatifs aux carrières, contiennent un certain nombre de dispositions d'ordre purement réglementaire dont la place naturelle ne nous parait pas être dans la loi des mines, mais dans les règlements locaux, visés par l'article 81 de la loi actuelle, règlements dont nous proposons le maintien. Nous demandons également qu'on maintienne les articles 81 et 82 de la loi du 21 avril 1810, concernant les carrières, ces articles ayant été révisés récemment par la loi du 27 juillet 1880. Il y aurait lieu seulement de spécifier d'une manière explicite, à l'article 81, que les carrières à ciel ouvert sont soumises à la juridiction de simple police. Nous proposerions également d'adjoindre à cet article 81 un troisième paragraphe, reproduisant cette disposition libérale de l'article 114 du projet qui exonère, de la surveillance administrative spéciale aux carrières, les fouilles entreprises par les propriétaires du sol pour en retirer des amendements ou des matériaux de construction à leur usage.

Les articles 122 et 123 relatifs aux tourbières ne présentent aucun avantage sur les articles 83 à 86 de la loi de 1810, dont nous demandons le maintien. Nous demandons également que les tourbières continuent à être classées comme minières, ce qui offre le double avantage de ne pas ébranler sans motif la classification fondamentale de notre loi des mines, et de soumettre les tourbières, à titre de minières, à la même juridiction que les mines.

En ce qui concerne les juridictions et les pénalités, nous demandons le maintien du titre X actuel de la loi de 1810, sauf une légère modification à l'article 93 et une addition, à l'article 96, d'un paragraphe, pour y spécifier que l'article 463 du Code pénal est applicable en la matière, comme la chose est demandée par l'article 133 du projet de loi.

Ce projet élève à 1,000 francs les amendes pour certaines contraventions, au lieu du maximum de 500 francs posé à l'article 96 actuel. Nous demandons le maintien du maximum actuel et le maintien aussi de la liberté présente laissée au juge pour les amendes à infliger en première contravention, depuis 100 jusqu'à 500 francs.

Le titre IX de la loi de 1810, concernant les expertises, dont il n'y a plus trace dans le projet, peut être conservé, sans inconvénient, dans la loi organique des mines : nous ajoutons qu'il y a lieu de l'y maintenir.

Pour la redevance tréfoncière, en ce qui concerne les concessions à venir, nous demandons le maintien des articles 6 et

42, qui concilient la loi des mines avec l'article 552 du Code civil. Pour les concessions instituées depuis 1810 jusqu'à ce jour, la forme et le taux de la redevance réglés par l'acte de concession constituent, aux termes des articles 6, 17 et 42 de la loi de 1810, un véritable *contrat*, qui ne peut être modifié que du gré des deux parties : nous demandons, en conséquence, qu'on rejette la faculté de rachat accordée au concessionnaire par l'article 137 du projet de loi. Les redevances tréfoncières pour les concessions ou jouissance de mines antérieures à 1810 sont réglées par les articles 51 et 53, dont nous demandons formellement le maintien, alors que, d'autre part, ces articles constituent les titres de propriété d'un grand nombre de mines parmi les plus importantes de la France.

A cette occasion, nous devons rappeler que le titre VI de la loi de 1810, qui est d'une application non point transitoire, dans le sens de *passagère*, mais toujours vivante, doit être conservé en entier.

Le régime des minières de fer, tel qu'il est organisé par la loi du 21 avril 1810, modifiée par les lois des 9 mai 1866 et 27 juillet 1880, est libéral, tout en consacrant les usages séculaires de la France concernant l'exploitation des minerais de fer ; il donne aussi bien satisfaction à l'intérêt général, en ce qui concerne l'importante industrie du fer, que pourraient faire les articles 142, 7 et 124 du projet : le régime actuel mérite donc d'être maintenu.

En ce qui concerne les métaux autres que le fer pour lesquels la loi de 1810 ne reconnaît point de minières, (plomb, antimoine, cuivre, zinc, etc.), les articles 7 et 124 du projet, qui permettent les exploitations superficielles de gîtes métallifères par les propriétaires du sol ou leurs représentants, conduiraient en fait à un véritable gaspillage de la richesse minérale du pays : ils doivent être rejetés, ainsi qu'il a été dit précédemment.

Conservant la loi du 21 avril 1810 dans ses bases principales, nous ne pouvons qu'écarter les articles 143 à 151,
désormais sans application dans le système que nous proposons.

Ce système conserve à la loi sa codification actuelle ; or ce
maintien du numérotage de la loi organique de 1810 est un
avantage réel et considérable pour une loi qui forme notre
code minier, et dont les articles divers sont maintes fois rappelés dans une multitude d'actes de concession et dans la jurisprudence. D'autre part, il tient un très large compte des
améliorations à introduire dans la loi des mines, puisque
22 articles de cette loi sont plus ou moins modifiés, avec
introduction d'un grand nombre des dispositions spécifiées
dans le projet de loi présenté par M. le Ministre des Travaux
publics.

Ce système est indiqué, à la suite des présentes observations, sous la forme d'un *appendice comprenant le texte de la loi
des mines du 21 avril 1810, modifié par les lois du 9 mai 1866
et du 27 juillet 1880, avec spécification, à leurs places respectives, des
modifications nouvelles :* cette appendice pourrait faire croire que
nous voulons empiéter sur les prérogatives parlementaires. Tel
n'est pas le cas ; nous ne sommes point législateurs, *nous ne
faisons pas une véritable proposition de loi. Nous nous bornons, pour
la clarté des choses, à soumettre modestement au législateur véritable,
en forme de propositions précises, une indication méthodique des améliorations qu'on pourrait apporter, ce nous semble, à la loi organique des
mines du 21 avril 1810, dans l'intérêt de tous.*

Le législateur décidera.

Paris, novembre 1886.

Étienne DUPONT,

Inspecteur général des mines, en retraite.

APPENDICE.

Texte de la loi des mines du 21 avril 1810, modifiée par les lois du 9 mai 1866 et du 27 juillet 1880, avec spécification, à leurs places respectives, des modifications nouvelles indiquées par M. Étienne Dupont, Inspecteur général des mines en retraite.

NOTA. Les parties en caractères ordinaires reproduisent les dispositions conservées de la loi existante; les parties en lettres italiques désignent les modifications indiquées par M. Dupont.

TITRE PREMIER.

DES MINES, MINIÈRES ET CARRIÈRES.

ARTICLE PREMIER. Les masses de substances minérales ou fossiles, renfermées dans le sein de la terre ou existantes à la surface, sont classées relativement aux règles de l'exploitation de chacune d'elles, sous les trois qualifications de mines, minières et carrières.

ART. 2. § 1er. Seront considérées comme mines celles connues pour contenir en filons, en couches ou en amas, de l'or, de l'argent, du platine, du mercure, du plomb, du fer en filons ou couches, du cuivre, de l'étain, du zinc, de la calamine, du bismuth, du colbalt, de l'arsenic, du manganèse, de l'antimoine, du molybdène, de la plombagine ou autres matières métalliques, du soufre, du charbon de terre ou de pierre, du bois fossile, des bitumes, de l'alun et des sulfates à base métallique.

§ 2. *L'exploitation des sables métallifères dans les cours d'eau ou sur le rivage de la mer est libre, sous réserve de l'observation des réglements généraux relatifs à la police des cours d'eau ou du rivage de la mer, ainsi que des réglements particuliers qui pourraient être rendus pour de pareilles exploitations. Toutefois l'administration reste juge du moment où ces exploitations, par suite de leur développement ou de leurs conditions spéciales, rentrent dans la catégorie des mines.*

ART. 3. Les minières comprennent les minerais de fer dits d'alluvion, les terres pyriteuses propres à être converties en sulfate de fer, les terres alumineuses et les tourbes.

ART. 4. § 1er. Les carrières renferment les ardoises, les grès, pierres à bâtir et autres, les marbres, granits, pierres à chaux, pierres à plâtre, les pouzzolanes, les trass, les basaltes, les laves, les marnes, craies, sables, pierres à fusil, argiles, kaolin, terres à foulon, terres à poterie, les substances terreuses et les cailloux de toute nature, les terres pyriteuses regardées comme engrais ; le tout exploité à ciel ouvert ou avec des galeries souterraines.

§ 2. *Si une substance classée comme carrière dans le présent article ou assimilable par sa nature à celles qui y sont dénommées, vient à être extraite d'une exploitation de mines sans être employée par le concessionnaire pour matériaux de construction, soit dans les travaux de la mine, soit pour les dépendances de l'exploitation, le propriétaire aura la faculté de la réclamer, sauf à payer au concessionnaire une indemnité pour frais d'exploitation et d'extraction à régler par experts. Faute par le propriétaire de la surface d'avoir fait cette revendication dans le délai de six mois, ces matières minérales appartiendront désormais au concessionnaire.*

TITRE II.

DE LA PROPRIÉTÉ DES MINES.

ART. 5. Les mines ne peuvent être exploitées qu'en vertu d'un acte de concession délibéré en Conseil d'État.

ART 6. Cet acte règle les droits des propriétaires de la surface sur le produit des mines concédées.

Art. 7. § 1er. Il donne la propriété perpétuelle de la mine, laquelle est dès lors disponible et transmissible comme tous autres biens, et dont on ne peut être exproprié que dans les cas et selon les formes prescrites pour les autres propriétés, conformément au Code civil et au Code de procédure civile *sous la réserve résultant de l'article 49 et de l'article 37 de la présente loi et des dispositions de la loi du 27 avril 1838.*

§ 2. Toutefois, une concession ne peut être vendue par lots ou partagée, *ni réunie à d'autres concessions de même nature,* sans une autorisation préalable du gouvernement, *demandée* et donnée dans les mêmes formes que la concession, *ainsi qu'il résulte de l'article 34 ;*

§ 3. *Toute amodiation partielle d'une concession de mine est interdite, à peine de nullité.*

Art. 8. Les mines sont immeubles.

Sont aussi immeubles, les bâtiments, machines, puits, galeries et autres travaux établis à demeure, conformément à l'article 524 du Code civil.

Sont aussi immeubles par destination, les chevaux, agrès, outils et ustensiles servant à l'exploitation.

Ne sont considérés comme chevaux attachés à l'exploitation, que ceux qui sont exclusivement attachés aux travaux intérieurs des mines.

Néanmoins les actions ou intérêts dans une société ou entreprise pour l'exploitation des mines, seront réputés meubles, conformément à l'article 529 du Code civil.

Art. 9. Sont meubles, les matières extraites, les approvisionnements et autres objets mobiliers.

TITRE III.

DES ACTES QUI PRÉCÈDENT LA DEMANDE EN CONCESSION DE MINES.

SECTION Ire.

De la Recherche et de la Découverte des Mines.

Art. 10. § 1. Nul ne peut faire des recherches pour découvrir des mines, enfoncer des sondes ou tarières sur un terrain qui ne lui appartient pas, que du consentement du propriétaire de la surface, ou avec l'autorisation du Gouvernement, donnée après avoir consulté l'administration des mines, à la charge d'une préalable indemnité envers le propriétaire et après qu'il aura été entendu.

§ 2. *Le permis de recherches, émanant du gouvernement, sera délivré par le Préfet, sur l'avis des Ingénieurs des mines;*

§ 3. *La demande en permis de recherches sera adressée au Préfet, avec un extrait du plan cadastral, en triple expédition, dûment certifié et portant indication du périmètre sollicité, lequel devra former un carré de 200 mètres de côté (4 hectares);*

§ 4. *La pétition devra être accompagnée d'un acte extrajudiciaire, justifiant que le permissionnaire a signifié sa demande aux propriétaires intéressés :*

§ 5. *Elle devra être aussi accompagnée d'un reçu régulier du receveur des consignations, attestant le dépôt, à titre de caution, d'une somme de 2,000 francs, à raison de 500 francs par hectare, pour les quatre hectares du périmètre sollicité, afin de pourvoir au paiement des indemnités dues au propriétaire de la surface, et aux frais de bornage et d'affichage ;*

§ 6. *Le demandeur devra, dans sa pétition au Préfet, faire élection de domicile dans le département ;*

§ 7. *Le Préfet, après avoir reçu la demande en permis de recherches, avec les annexes ci-dessus désignées, devra statuer dans le délai de quinzaine ;*

§ 8. *Le permis de recherches spécifiera, pour le permissionnaire, la faculté de vendre ou utiliser les produits des recherches, et fixera les droits des propriétaires de la surface sur les produits extraits rentrant dans la classe des mines. Mais le permissionnaire ne pourra disposer, que pour l'usage de ses travaux, des substances abattues par lui, qui rentrent dans la classe des carrières ;*

§ 9. *Le permis sera valable pour deux ans, et pourra être prorogé par le Préfet ;*

§ 10. *Il sera inséré dans le recueil des actes administratifs, et publié et affiché dans les communes sur lesquelles il porte, aux frais du permissionnaire;*

§ 11. *Le bornage du périmètre de quatre hectares, afférent à chaque permis, sera effectué aux frais du permissionnaire, dans un délai de quinze jours à dater de la délivrance du permis, en présence de l'Ingénieur des mines ou du garde-mine. Les indemnités dues au propriétaire du sol pour dégâts ou occupations de terrains afférents au bornage, seront réglées conformément à l'article 43 de la présente loi :*

§ 12. *Il ne pourra être accordé deux permis de recherches au même deman-*

deur, à moins qu'il ne s'agisse de deux périmètres dont les sommets les plus rapprochés soient distants de plus de un kilomètre.

§ 13. *Les travaux de recherches de mines exécutés, soit par les propriétaires du sol ou leurs ayants droit, soit par les permissionnaires, sont soumis à la surveillance de l'administration, conformément au titre V. Le Préfet, après mise en demeure, peut ordonner l'arrêt, par voie administrative, de tous travaux de recherches qui auraient dégénéré en travaux d'exploitation; en ce cas, le permis de recherches devient nul de plein droit.*

§ 14. *Tout permis de recherches est annulé de plein droit, si les terrains pour lesquels il est délivré viennent à être englobés dans le périmètre d'une concession de mines.*

Art. 11. Nulle permission de recherches ni concession de mines ne pourra, sans le consentement du propriétaire de la surface, donner le droit de faire des sondages, d'ouvrir des puits ou galeries, ni d'établir des machines, ateliers ou magasins dans les enclos murés, cours et jardins.

Les puits et galeries ne peuvent être ouverts dans un rayon de cinquante mètres des habitations et des terrains compris dans les clôtures murées y attenant, sans le consentement des propriétaires de ces habitations.

Art. 12. Le propriétaire pourra faire des recherches, sans formalité préalable, dans les lieux réservés par le précédent article, comme dans les autres parties de sa propriété; mais il sera obligé d'obtenir une concession avant d'y établir une exploitation. Dans aucun cas, les recherches ne pourront être autorisées dans un terrain déjà concédé.

SECTION II.

De la préférence à accorder pour les concessions.

Art. 13. Tout Français, ou tout étranger naturalisé ou non en France, agissant isolément ou en Société, a le droit de demander et peut obtenir, s'il y a lieu, une concession de mines.

Art. 14. L'individu ou la Société doit justifier des facultés nécessaires pour entreprendre et conduire les travaux, et des moyens de satisfaire aux redevances, indemnités qui lui seront imposées par l'acte de concession.

Art. 15. Il doit aussi, le cas arrivant de travaux à faire sous des maisons ou lieux d'habitation, sous d'autres exploitations ou dans leur voisinage immédiat.

donner caution de payer toute indemnité, en cas d'accident : les demandes ou oppositions des intéressés, seront, en ce cas, portées devant nos tribunaux et cours.

Art. 16. Le gouvernement juge des motifs ou considérations d'après lesquels la préférence doit être accordée aux divers demandeurs en concession, qu'ils soient propriétaires de la surface, inventeurs ou autres.

En cas que l'inventeur n'obtienne pas la concession d'une mine, il aura droit à une indemnité de la part du concessionnaire ; elle sera réglée par l'acte de concession.

Art. 17. L'acte de concession fait d'après l'accomplissement des formalités prescrites. purge, en faveur du concessionnaire, tous les droits des propriétaires de la surface et des inventeurs ou de leurs ayants droit, chacun dans leur ordre. après qu'ils ont été entendus ou appelés légalement, ainsi qu'il sera ci-après réglé.

Art. 18. La valeur des droits résultant en faveur du propriétaire de la surface, en vertu de l'article 6 de la présente loi, demeurera réunie à la valeur de ladite surface, et sera affectée avec elle aux hypothèques prises par les créanciers du propriétaire.

Art. 19. Du moment où une mine sera concédée, même au propriétaire de la surface, cette propriété sera distinguée de celle de la surface, et désormais considérée comme propriété nouvelle, sur laquelle de nouvelles hypothèques pourront être assises, sans préjudice de celles qui auraient été ou seraient prises sur la surface et la redevance, comme il est dit à l'article précédent.

Si la concession est faite au propriétaire de la surface, ladite redevance sera évaluée pour l'exécution dudit article.

Art. 20. Une mine concédée pourra être affectée, par privilège, en faveur de ceux qui, par acte public et sans fraude, justifieraient avoir fourni des fonds pour les recherches de la mine, ainsi que pour les travaux de construction ou confection de machines nécessaires à son exploitation, à la charge de se conformer aux articles 2103 et autres du Code civil, relatifs aux privilèges.

Art. 21. Les autres droits de privilège et d'hypothèque pourront être acquis sur la propriété de la mine, aux termes et en conformité du Code civil, comme sur les autres propriétés immobilières.

TITRE IV.

DES CONCESSIONS.

SECTION 1re.

De l'obtention des concessions.

Art. 22. La demande en concession sera faite par voie de simple pétition adressée au Préfet, qui sera tenu de la faire enregistrer à sa date sur un registre particulier, et d'ordonner les publications et affiches dans les dix jours.

Art. 23. L'affichage aura lieu pendant deux mois aux chefs-lieux du département et de l'arrondissement où la mine est située, dans la commune où le demandeur est domicilié et dans toutes les communes sur le territoire desquelles la concession peut s'étendre ; les affiches seront insérées, deux fois et à un mois d'intervalle, dans les journaux du département et dans le *Journal officiel*.

Art. 24. Les publications des demandes en concession de mines auront lieu devant la porte de la maison commune et des églises paroissiales et consistoriales, à la diligence des maires, à l'issue de l'office, un jour de dimanche, et au moins une fois par mois pendant la durée des affiches. Les maires seront tenus de certifier ces publications.

Art. 25. Le secrétaire général de la préfecture délivrera au requérant un extrait certifié de l'enregistrement de la demande en concession.

Art. 26. Les oppositions et les demandes en concurrence seront admises devant le Préfet jusqu'au dernier jour du second mois à compter de la date de l'affiche. Elles seront notifiées par actes extrajudiciaires, à la préfecture du département, où elles seront enregistrées sur le registre indiqué à l'article 22. Elles seront également notifiées aux parties intéressées, et le registre sera ouvert à tous ceux qui en demanderont communication.

ART. 27. A l'expiration du délai des affiches et publications, et sur la preuve de l'accomplissement des formalités portées aux articles précédents, dans le mois qui suivra au plus tard, le Préfet du département, sur l'avis de l'Ingénieur des mines et après avoir pris des informations sur les droits et les facultés des demandeurs, donnera son avis, et le transmettra au Ministre de l'Intérieur.

ART. 28. Il sera définitivement statué sur la demande en concession, par un décret impérial délibéré en Conseil d'État.

Jusqu'à l'émission du décret, toute opposition sera admissible devant le Ministre de l'Intérieur, ou le secrétaire général du Conseil d'État: dans ce dernier cas, elle aura lieu par une requête signée et présentée par un avocat au Conseil, comme il est pratiqué pour les affaires contentieuses ; et, dans tous les cas, elle sera notifiée aux parties intéressées.

Si l'opposition est motivée sur la propriété de la mine acquise par concession ou autrement, les parties seront renvoyées devant les tribunaux et cours.

ART. 29. L'étendue de la concession sera déterminée par l'acte de concession ; elle sera limitée par des *plans verticaux passant par des points fixes pris à la surface du sol*, et menés de cette surface à l'intérieur de la terre à une profondeur indéfinie.

Le bornage sera opéré conformément au cahier des charges joint à l'acte de concession, par les soins et aux frais du concessionnaire, et moyennant une indemnité au propriétaire du sol pour les dégâts ou occupations de terrains afférents au bornage, ladite indemnité étant réglée conformément à l'article 43 de la présente loi.

ART. 30 § 1er. Un plan régulier de la surface, en triple expédition, et sur une échelle de dix millimètres pour cent mètres, sera annexé à la demande.

§ 2. Ce plan devra être dressé ou vérifié par l'Ingénieur des mines, et certifié par le préfet du département.

§. 3. *Le périmètre des concessions est, immédiatement après le décret d'institution, reporté, par les soins de l'Ingénieur des mines sur une carte générale des concessions, à l'échelle de 1 à 10,000. Cette carte restera déposée au bureau de l'Ingénieur et le public pourra en prendre connaissance.*

ART. 31. — § 1er. *Des concessions de mines de même nature ne pourront, à peine de nullité de tous actes de réunion, être réunies entre les mains du même concessionnaire, par association, par acquisition ou de tout autre manière sans* une autorisation préalable du gouvernement demandée et obtenue dans les mêmes formes que les concessions.

§ 2. Les concessions de mines de même nature régulièrement réunies entre les mains d'un même concessionnaire conserveront leur individualité en ce qui touche les obligations diverses des concessionnaires, particulièrement celles qui concernent l'activité de l'exploitation dans chacune d'elles.

§ 3. Toutefois, le propriétaire de plusieurs concessions de mines de même nature, contiguës et disposées de manière à pouvoir être comprises dans un même périmètre, peut être autorisé à les réunir en une seule, l'autorisation devant être demandée et obtenue dans les mêmes formes que les concessions.

SECTION II.

Des obligations des propriétaires de Mines.

ART. 32. § 1er. L'exploitation des mines n'est pas considérée comme un commerce, et n'est pas sujette à patente.

§ 2. *Il en est de même de leur recherche.*

ART. 33. Les propriétaires de mines sont tenus de payer à l'État une redevance fixe, et une redevance proportionnée au produit de l'extraction.

ART. 34. La redevance fixe sera annuelle et réglée *par l'acte de concession,* d'après l'étendue de celle-ci : elle sera de 10 francs par kilomètre carré.

La redevance proportionnelle sera une contribution annuelle à laquelle les mines seront assujetties sur leur produits.

ART. 35. La redevance proportionnelle sera réglée chaque année par le budget de l'État, comme les autres contributions publiques ; toutefois elle ne pourra jamais s'élever au dessus de cinq pour cent du produit net. Il pourra être fait un abonnement pour ceux des propriétaires de mines qui le demanderont.

ART. 36. Il sera imposé en sus un décime pour franc, lequel formera un fonds de non-valeur, à la disposition du Ministre de l'Intérieur, pour dégrèvement en faveur des propriétaires des mines qui éprouveront des pertes ou accidents.

ART. 37. § 1er. La redevance proportionnelle sera imposée et perçue comme la contribution foncière.

26

§ 2. Les réclamations à fin de dégrèvement ou de rappel à l'égalité proportionnelle seront jugées par les conseils de préfecture. Le dégrèvement sera de droit, quand l'exploitant justifiera que sa redevance excède cinq pour cent du produit net de son exploitation.

§ 3. *Le privilége du Trésor public, pour le recouvrement des redevances, est réglé ainsi qu'il suit, et s'exerce avant tout autre pour l'année échue et l'année courante, savoir : 1° sur les produits, loyers et revenus de toute nature de la mine ; 2° sur tous les meubles et autres effets mobiliers appartenant aux redevables, en quelque lieu qu'ils se trouvent.*

§ 4. *En outre, à défaut de paiement de la redevance fixe pendant trois années consécutives, le retrait de la concession peut être prononcé dans les formes spécifiées à l'article 6 de la loi du 27 avril 1838.*

ART. 38. Le gouvernement accordera, s'il y a lieu, pour les exploitations qu'il en jugera susceptibles, et par un article de l'acte de concession ou par un décret spécial délibéré en Conseil d'État pour les mines déjà concédées, la remise en tout ou partie du paiement de la redevance proportionnelle, pour le temps qui sera jugé convenable ; et ce, comme encouragement, en raison de la difficulté des travaux : semblable remise pourra aussi être accordée comme dédommagement, en cas d'accident de force majeure qui surviendrait pendant l'exploitation.

ART. 39. *(A abroger.)*

ART. 40. Les anciennes redevances dues à l'État, soit en vertu de lois, ordonnances ou règlements, soit d'après les conditions énoncées en l'acte de concession, soit d'après des baux et adjudications au profit de la régie du domaine, cesseront d'avoir cours à compter du jour où les redevances nouvelles seront établies.

ART. 41. Ne sont point comprises dans l'abrogation des anciennes redevances, celles dues à titre de rentes, droits et prestations quelconques, pour cession de fonds ou autres causes semblables, sans déroger toutefois à l'application des lois qui ont supprimé les droits féodaux.

ART. 42. § 1er. Le droit accordé par l'article 6 de la présente loi au propriétaire de la surface, sera réglé sous la forme fixée par l'acte de concession.

§ 2. *Les redevances tréfoncières à payer en nature ou en argent seront soumises à un impôt de 3 0/0 sur la valeur brute des redevances effectivement payées ; l'exploitant en retiendra le montant lors de ses livraisons ou payements aux redevanciers, pour le verser au Trésor dans le délai d'un mois.*

Art. 43. § 1er. Le concessionnaire peut être autorisé, par arrêté préfectoral pris après que les propriétaires auront été mis à même de présenter leurs observations, à occuper dans le périmètre de sa concession, les terrains nécessaires à l'exploitation de sa mine, à la préparation mécanique des minerais et au lavage des combustibles, à l'établissement des routes, *canaux, chemins de fer et toutes autres voies de communication.*

§ 2. Si les travaux entrepris par le concessionnaire ou par un explorateur, muni du permis de recherches mentionné à l'article 10, ne sont que passagers, et si le sol où ils ont eu lieu peut être mis en culture au bout d'un an, comme il l'était auparavant, l'indemnité sera réglée à une somme double du produit net du terrain endommagé.

§ 3. Lorsque l'occupation ainsi faite prive le propriétaire de la jouissance du sol pendant plus d'une année, ou lorsque, après l'exécution des travaux, les terrains occupés ne sont plus propres à la culture, les propriétaires peuvent exiger du concessionnaire ou de l'explorateur l'acquisition du sol.

§ 4. La pièce de terre trop endommagée ou dégradée sur une trop grande partie de sa surface doit être achetée en totalité, si le propriétaire l'exige.

§ 5. Le terrain à acquérir ainsi sera toujours estimé au double de la valeur qu'il avait avant l'occupation.

§ 6. Les contestations relatives aux indemnités réclamées par les propriétaires du sol aux concessionnaires de mines, en vertu du présent article, seront soumises aux tribunaux civils.

§ 7. Les dispositions des paragraphes 2 et 3, relatives au mode de calcul de l'indemnité due au cas d'occupation ou d'acquisition des terrains, ne sont pas applicables aux autres dommages causés à la propriété par les travaux de recherche ou d'exploitation ; la réparation de ces dommages reste soumise au droit commun.

§ 8. *Lorsqu'une construction est établie à la surface malgré l'avertissement de l'exploitant de la mine, le tribunal pourra déclarer : 1° que l'exploitant n'est pas responsable des dommages résultant des travaux souterrains existant à ce moment sous la construction ou dans son voisinage immédiat ; 2° qu'il est redevable seulement d'une indemnité correspondante au préjudice causé par l'interdiction de bâtir.*

Art. 44. § 1er. Un décret rendu en Conseil d'État peut déclarer d'utilité publique les routes, canaux, chemins de fer, *ou toutes autres voies de communication nécessaires à la mine*, et les travaux de secours tels que puits ou galeries destinés à faciliter l'aérage et l'écoulement des eaux, à exécuter en dehors du périmètre. Les voies de communication créées en dehors du périmètre pourront être affectées à l'usage du public dans les conditions du cahier des charges.

§ 2. Dans le cas prévu par le présent article, les dispositions de la loi du 3 mai 1841, relatives à la dépossession des terrains et au règlement des indemnités seront appliquées.

ART. 45. § 1er. Lorsque, par l'effet du voisinage ou pour toute autre cause, les travaux d'exploitation d'une mine occasionnent des dommages à l'exploitation d'une autre mine, à raison des eaux qui pénètrent dans cette dernière en plus grande quantité; lorsque, d'un autre côté, ces mêmes travaux produisent un effet contraire et tendent à évacuer tout ou partie des eaux d'une autre mine, il y aura lieu à indemnité d'une mine en faveur de l'autre : le règlement s'en fera par experts.

§ 2. *En ce qui concerne les massifs de protection le long du périmètre de concession, leur maintien, leur traversée ou leur enlèvement, le concessionnaire sera tenu, sans qu'il ait droit à indemnité, de se conformer, pour le moment, aux prescriptions du cahier des charges de sa concession, et plus tard, aux arrêtés préfectoraux rendus à cet égard, conformément aux règlements d'administration publique à intervenir, ainsi qu'il est dit à l'article 47.*

§ 3. *Dans le cas de mines ou exploitations superposées, chaque concessionnaire sera tenu de se conformer, pour le moment, aux prescriptions de son cahier des charges, et plus tard, aux arrêtés préfectoraux rendus à cet égard conformément aux règlements d'administration publique à intervenir, ainsi qu'il est dit à l'article 47 : le tout, s'il y a lieu, moyennant une indemnité qui sera réglée de gré à gré ou à dire d'experts.*

§ 4. *Dans le cas de mines voisines, alors que l'administration jugerait nécessaire d'exécuter des travaux ayant pour but de mettre en communication les deux mines pour l'aérage ou pour l'écoulement des eaux, ou pour la sortie des ouvriers en cas de danger, chaque concessionnaire sera tenu, en participant aux frais de ces travaux dans la proportion de son intérêt, de se conformer, pour le moment, aux prescriptions de son cahier des charges, et, plus tard, aux arrêtés préfectoraux rendus en cette matière conformément aux règlements d'administration publique à intervenir, ainsi qu'il est dit à l'article 47. S'il y a lieu à indemnité d'une mine en faveur de l'autre, le règlement s'en fera par experts, comme il est dit au paragraphe 1er du présent article.*

§ 5. *Tout concessionnaire de mines qui poursuivrait ses travaux dans une mine voisine, restera civilement responsable jusqu'à l'expiration de la troisième* année qui suivra la constatation du fait, nonobstant la prescription de l'action publique.

§ 6. *Les propriétaires de plusieurs concessions de mines voisines pourront constituer un syndicat libre, avec autorisation du Ministre des Travaux publics, donnée après une enquête publique, pour l'exécution et l'entretien, à frais communs, des puits, galeries ou autres établissements ou travaux de tout genre, ainsi que des voies de communication dont la création aura été reconnue utile aux mines ainsi syndiquées amiablement. Un règlement d'administration publique fixera les formes de l'enquête et les conditions du fonctionnement de ces syndicats libres. Le gouvernement, nonobstant l'institution de ces syndicats libres, conservera toujours le droit d'instituer des syndicats forcés, dans le cas de mines menacées d'inondation, conformément à la loi du 27 avril 1838, complétée par le règlement d'administration publique du 23 mai 1841.*

ART. 46. § 1er. Les questions d'indemnités à payer par les *concessionnaires de mines aux explorateurs ou anciens exploitants*, à raison des recherches ou travaux antérieurs à l'acte de concession, seront décidées conformément à l'article 4 de la loi du 28 pluviôse an VIII.

§ 2. *Les haldes d'anciennes mines situées dans le périmètre de la concession pourront être exploitées par le concessionnaire, pour l'extraction des matières minérales concédées, sous la double réserve de payer aux propriétaires du sol les indemnités d'occupation à régler par les tribunaux, et de payer, s'il y a lieu, aux anciens exploitants, les indemnités spécifiées par le présent article, et qui seront réglées par le Conseil de préfecture.*

TITRE V.

DE L'EXERCICE DE LA SURVEILLANCE SUR LES MINES PAR L'ADMINISTRATION.

ART. 47. § 1er. Les Ingénieurs des mines exerceront sous les ordres du Ministre *des Travaux publics* et des Préfets, une surveillance de police pour la conservation des édifices et la sûreté du sol.

§ 2. *Des règlements d'administration publique seront rendus, sur l'avis du Conseil général des mines, pour assurer l'exercice de la surveillance adminis-*

trative sur les mines, telle qu'elle résulte de la présente loi, et pour déterminer les détails d'application des diverses parties de ladite loi, en modifiant,·s'il y a lieu, les règlements existants.

§ 3. Ces règlements d'administration publique pourront déléguer au Ministre des Travaux publics la faculté de rendre, en conformité de ces décrets, des arrêtés réglementaires, généraux ou locaux.

§ 4. Les concessionnaires de mines ou explorateurs, agissant isolément ou en société, devront élire dans le département du siège principal de leurs travaux, pour leur représentant autorisé, un domicile qu'ils feront connaître, avec le nom dudit représentant autorisé, à la préfecture exerçant la surveillance administrative. Cette déclaration sera renouvelée en cas de transfert de la propriété de la mine, à quelque titre que ce soit.

ART. 48. Ils observeront la manière dont l'exploitation sera faite, soit pour éclairer les propriétaires sur ses inconvénients ou son amélioration, soit pour avertir l'administration, des vices, abus ou dangers qui s'y trouveraient.

ART. 49. § 1er. Si l'exploitation est restreinte ou suspendue de manière à inquiéter la sûreté publique ou les besoins des consommateurs, les Préfets, après avoir entendu les propriétaires, en rendront compte au Ministre des Travaux publics, et il y sera pourvu ainsi qu'il appartiendra : le retrait de la concession pourra être prononcé, s'il y a lieu, conformément aux dispositions de la loi du 27 avril 1838.

§ 2. En cas d'abandon total des travaux, le concessionnaire pourra former une demande en renonciation de concession, qui sera instruite dans les formes des demandes en concessions. La demande en renonciation devra être accompagnée d'un certificat du conservateur des hypothèques constatant qu'il n'y a pas d'hypothèque sur la concession, ou bien qu'il a été donné mainlevée. Le décret acceptant la renonciation de concession spécifiera les mesures à prendre pour assurer la sécurité, et définira les effets de la renonciation ainsi que la responsabilité de l'ancien concessionnaire vis-à-vis des tiers. Le concessionnaire pourra aussi former une demande en renonciation à une partie de son périmètre de concession : cette demande, instruite comme une demande en renonciation totale, en étant accompagnée du certificat du conservateur des hypothèques, aboutira, s'il y a lieu, à un décret de réduction, lequel contiendra des spécifications analogues au cas de renonciation totale.

§ 3. Si une concession de mine reste inexploitée pendant trois années consécutives sans cause reconnue légitime, le retrait pourra être prononcé après une mise en demeure de six mois, adressée au concessionnaire, et avec application, après cette mise en demeure, des dispositions portées dans la loi du 27 avril 1838.

ART. 50. § 1er Si les travaux de recherche ou d'exploitation d'une mine sont de nature à compromettre la sécurité publique, la conservation de la mine, la sûreté des ouvriers mineurs, la conservation des voies de communication, celle des eaux minérales, la solidité des habitations, l'usage des sources qui alimentent des villes, villages, hameaux et établissements publics, il y sera pourvu par le Préfet, *sur l'avis des Ingénieurs des mines, les explorateurs ou concessionnaires entendus*.

§ 2. *Aucune indemnité n'est due au concessionnaire de mine pour tout préjudice résultant de l'application des mesures énoncées dans le présent article, sous réserve des stipulations de l'article 45, pour les relations entre exploitants de mines voisines. Toutefois, s'il s'agit d'une mesure pour la protection d'un chemin de fer décrété postérieurement à la concession de la mine, il y aura lieu à indemnité due par le concessionnaire du chemin de fer au concessionnaire de la mine.*

TITRE VI.

DES CONCESSIONS OU JOUISSANCES DES MINES, ANTÉRIEURES A LA PRÉSENTE LOI.

§ Ier.

Des anciennes Concessions en général.

ART. 51. Les concessionnaires antérieurs à la présente loi deviendront, du jour de sa publication, propriétaires incommutables, sans aucune formalité préalable d'affiches, vérifications de terrain ou autres préliminaires, à la charge seulement d'exécuter, s'il y en a, les conventions faites avec les propriétaires de la surface, et sans que ceux-ci puissent se prévaloir des articles 6 et 42.

ART. 52. Les anciens concessionnaires seront, en consequence, soumis au paiement des contributions, comme il est dit à la section II du titre IV, articles 33 et 34, à compter de l année 1811.

§ II.

Des Exploitations pour lesquelles on n'a pas exécuté la loi de 1791.

Art. 53. Quand aux exploitants de mines qui n'ont pas exécuté la loi de 1791, et qui n'ont pas fait fixer, conformément à cette loi, les limites de leurs concessions, ils obtiendront les concessions de leurs exploitations actuelles, conformément à la présente loi ; à l'effet de quoi les limites de leurs concessions seront fixées sur leurs demandes ou à la diligence des Préfets, à la charge seulement d'exécuter les conventions faites avec les propriétaires de la surface, et sans que ceux-ci puissent se prévaloir des articles 6 et 42 de la présente loi.

Art. 54. Ils paieront en conséquence les redevances, comme il est dit à l'article 52.

Art. 55. En cas d'usages locaux ou d'anciennes lois qui donneraient lieu à la décision de cas extraordinaires, les cas qui se présenteront seront décidés par les actes de concession ou par les jugement de nos cours et tribunaux, selon les droits résultant pour les parties, des usages établis, des prescriptions légalement acquises, ou des conventions réciproques.

Art. 56. Les difficultés qui s'éléveraient entre l'administration et les exploitants, relativement à la limitation des mines, seront décidées par l'acte de concession.

A l'égard des contestations qui auraient lieu entre des exploitants voisins, elles seront jugées par les tribunaux et cours.

TITRE VII.

RÈGLEMENTS SUR LA PROPRIÉTÉ ET L'EXPLOITATION DES MINIÈRES, ET SUR L'ÉTABLISSEMENT DES FORGES, FOURNEAUX ET USINES.

SECTION Ire.

Des Minières.

Art. 57. Si l'exploitation des minières doit avoir lieu à ciel ouvert, le propriétaire est tenu, avant de commencer à exploiter, d'en faire la déclaration au Préfet. Le Préfet donne acte de cette déclaration, et l'exploitation a lieu sans autre formalité.

Cette disposition s'applique aux minerais de fer en couches ou en filons, dans le cas où, conformément à l'article 69, ils ne sont pas concessibles.

Si l'exploitation doit être souterraine, elle ne peut avoir lieu qu'avec une permission du Préfet. La permission détermine les conditions spéciales auxquelles l'exploitant est tenu, en ce cas, de se conformer.

ART. 58. Dans les deux cas prévus par l'article précédent, l'exploitant doit observer les règlements généraux ou locaux concernant la sûreté et la salubrité publiques, auxquels est assujettie l'exploitation des minières.

Les articles 93 à 96 de la présente loi sont applicables aux contraventions commises par les exploitants de minières aux dispositions de l'article 57 et aux règlements généraux et locaux dont il est parlé dans le présent article.

SECTION II.

De la propriété et de l'exploitation des minerais de fer d'alluvion.

ART. 59 à 67. (Abrogés par l'article 2 de la loi du 9 mai 1866).

ART. 68. Les propriétaires ou maîtres de forges ou d'usines exploitant les minerais de fer d'alluvion, ne pourront, dans cette exploitation, pousser des travaux réguliers par des galeries souterraines, sans avoir obtenu une concession, avec les formalités et sous les conditions exigées par les articles de la section première du titre III et les dispositions du titre IV.

ART. 69. Il ne pourra être accordé aucune concession pour minerai d'alluvion ou pour des mines en filons ou couches, que dans les cas suivants :

1º Si l'exploitation à ciel ouvert cesse d'être possible, et si l'établissement de puits, galeries et travaux d'art est nécessaire;

2º Si l'exploitation, quoique possible encore, doit durer peu d'années, et rendre ensuite impossible l'exploitation avec puits et galeries.

ART. 70. Lorsque le Ministre des Travaux publics, après la concession d'une mine de fer, interdit aux propriétaires de minières de continuer une exploitation qui ne pourrait se prolonger sans rendre ensuite impossible l'exploitation avec puits et galeries régulières, le concessionnaire de la mine est tenu

27

d'indemniser les propriétaires des minières dans la proportion du revenu net qu'ils en tiraient.

Un décret rendu en Conseil d'État peut, alors même que les minières sont exploitables à ciel ouvert ou n'ont pas encore été exploitées, autoriser la réunion des minières à une mine, sur la demande du concessionnaire.

Dans ce cas, le concessionnaire de la mine doit indemniser le propriétaire de la minière par une redevance équivalente au revenu net que ce propriétaire aurait pu tirer de l'exploitation, et qui sera fixée par les tribunaux civils.

SECTION III.

Des terres pyriteuses et alumineuses.

ART. 71. L'exploitation des terres pyriteuses et alumineuses sera assujettie aux formalités prescrites par les articles 57 et 58 *révisés par la loi du 9 mai 1866.*

ART. 72. *(A abroger.)*

SECTION IV.

Des permissions pour l'établissement des fourneaux, forges et usines.

ART. 73, 74 et 75 (abrogés par l'article 1er de la loi du 9 mai 1866.)

SECTION V.

Dispositions générales sur les permissions.

ART. 76, 77 et 78 (abrogés par l'article 1er de la loi du 9 mai 1866.)

ART. 79 et 80 (abrogés par l'article 2 de la loi du 9 mai 1866.)

TITRE VIII.

SECTION I.

Des carrières.

ART. 81. § 1ᵉʳ. L'exploitation des carrières à ciel ouvert a lieu en vertu d'une simple déclaration faite au Maire de la commune et transmise au Préfet. Elle est soumise à la surveillance de l'administration et à l'observation des lois et règlements, *avec juridiction de simple police.*

§. 2. Les règlements généraux seront remplacés, dans les départements où ils sont encore en vigueur, par des règlements locaux, sous forme de décrets en Conseil d'État.

§ 3. *Ne sont pas considérées comme une exploitation de carrière, pour l'application de la présente loi, les fouilles entreprises par le propriétaire du sol, ou son fermier, pour en retirer des amendements ou des matériaux à l'usage exclusif de la propriété et de ses dépendances.*

ART. 82. Quand l'exploitation a lieu par galeries souterraines, elle est soumise à la surveillance de l'administration des mines, dans les conditions prévues par les articles 47, 48 et 50.

Dans l'intérieur de Paris, l'exploitation des carrières souterraines de toute nature est interdite.

Sont abrogées les dispositions ayant force de loi des deux décrets des 22 mars et 4 juillet 1813, et du décret, portant règlement général, du 22 mars 1813, relatifs à l'exploitation des carrières dans les départements de la Seine et de Seine-et-Oise.

SECTION II.

Des tourbières.

ART. 83. Les tourbes ne peuvent être exploitées que par le propriétaire du terrain, ou de son consentement.

Art. 84. Tout propriétaire actuellement exploitant, ou qui voudra commencer à exploiter des tourbes dans son terrain, ne pourra continuer ou commencer son exploitation, à peine de cent francs d'amende, sans en avoir préalablement fait la déclaration à la sous-préfecture et obtenu l'autorisation.

Art. 85. Un règlement d'administration publique déterminera la direction générale des travaux d'extraction dans le terrain où sont situées les tourbes, celle des rigoles de desséchement, enfin toutes les mesures propres à faciliter l'écoulement des eaux dans les vallées et l'attérissement des entailles tourbées.

Art. 86. Les propriétaires exploitants, soit particuliers, soit communautés d'habitants, soit établissements publics, sont tenus de s'y conformer, à peine d'être contraints à cesser leurs travaux.

TITRE IX.

DES EXPERTISES.

Art. 87. Dans tous les cas prévus par la présente loi et autres naissant des circonstances, où il y aura lieu à expertise, les dispositions du titre XIV du Code de procédure civile, articles 303 à 323, seront exécutées.

Art. 88. Les experts seront pris parmi les Ingénieurs des mines, ou parmi les hommes notables et expérimentés dans le fait des mines et de leurs travaux.

Art. 89. Le Procureur impérial sera toujours entendu, et donnera ses conclusions sur le rapport des experts.

Art. 90. Nul plan ne sera admis comme pièce probante dans une contestation, s'il n'a été levé ou vérifié par un Ingénieur des mines. La vérification des plans sera toujours gratuite.

ART. 91. Les frais et vacations des experts seront réglés et arrêtés, selon les cas, par les tribunaux : il en sera de même des honoraires qui pourront appartenir aux Ingénieurs des mines, le tout suivant le tarif qui sera fait par un règlement d'administration publique.

Toutefois il n'y aura pas lieu à honoraires pour les Ingénieurs des mines, lorsque leurs opérations auront été faites, soit dans l'intérêt de l'administration, soit à raison de la surveillance et de la police publiques.

ART. 92. La consignation des sommes jugées nécessaires pour subvenir aux frais d'expertise, pourra être ordonnée par le tribunal contre celui qui poursuivra l'expertise.

TITRE X.

DE LA POLICE ET DE LA JURIDICTION RELATIVES AUX MINES.

ART. 93. Les contraventions *aux lois et règlements sur les mines, minières et carrières souterraines* seront dénoncées et constatées comme les contraventions en matière de voirie et de police.

ART. 94. Les procès-verbaux contre les contrevenants seront affirmés dans les formes et délais prescrits par les lois.

ART. 95. Ils seront adressés en originaux à nos Procureurs impériaux, qui seront tenus de poursuivre d'office les contrevenants devant les tribunaux de police correctionnelle, ainsi qu'il est réglé et usité pour les délits forestiers, et sans préjudice des dommages-intérêts des parties.

ART. 96. § 1er. Les peines seront d'une amende de 500 francs au plus, de

100 francs au moins, *et en cas de récidive, d'une amende double* et d'une détention qui ne pourra excéder la durée fixée par le code de police correctionnelle.

§ 2. *L'article 463 du code pénal est applicable aux condamnations qui seront prononcées en exécution de la présente loi.*

NOTA. — Il résulte de *l'appendice* précédent que sur 79 articles que comprend aujourd'hui la loi du 21 avril 1810, modifiée successivement par les lois des 9 mai 1866 et 27 juillet 1880 :

  55 articles sont conservés sans modifications.

  22 articles sont modifiés plus ou moins.

  2 articles sont proposés pour être abrogés.

Total 79 articles.

E. D.

IMPRIMERIE CENTRALE DES CHEMINS DE FER. — IMPRIMERIE CHAIX. — RUE BERGÈRE, 20, PARIS. — 24365-6.